全国艺术职业教育系列教材·高职卷

中国艺术职业教育学会推荐教材

茶艺表演教程

主　编　陈力群

编　委　陈力群　郭　威　石　晶　郑　蕾　饶　华

张娴静　胡凤仁　李菊花　黄晓丹　郑琳琳

WUHAN UNIVERSITY PRESS

武汉大学出版社

图书在版编目(CIP)数据

茶艺表演教程/陈力群主编.—武汉:武汉大学出版社,2016.1(2023.7 重印)
全国艺术职业教育系列教材·高职卷
ISBN 978-7-307-17151-0

Ⅰ.茶…　Ⅱ.陈…　Ⅲ.茶叶—文化—高等职业教育—教材　Ⅳ.TS971

中国版本图书馆 CIP 数据核字(2015)第 265155 号

责任编辑:柴　艺　　责任校对:李孟潇　　版式设计:韩闻锦

出版发行:**武汉大学出版社**　(430072　武昌　珞珈山)
(电子邮箱:cbs22@whu.edu.cn 网址:www.wdp.com.cn)
印刷:湖北金海印务有限公司
开本:787×1092　1/16　印张:14.75　字数:335 千字　插页:2
版次:2016 年 1 月第 1 版　2023 年 7 月第 4 次印刷
ISBN 978-7-307-17151-0　定价:32.00 元

总　序

在我国实施文化强国战略和职业教育事业实现跨越式发展的大背景下，艺术职业教育在办学理念、办学规模、办学效益以及教学改革、培养质量和办学条件等方面都取得了长足进步。六十年传统积淀、十余载创新发展，伴随着中等职业教育的稳定前行，高等艺术职业教育蓬勃而兴，不仅提升了我国艺术职业教育的层次和水平，更为艺术职业教育注入了巨大生机与活力。

当前，艺术职业教育机遇与挑战并存，特色与创新共进。紧跟文化产业发展步伐，适应艺术人才就业岗位需求，厘清艺术职业教育思想，更新艺术职业教育教学方法，完整科学的艺术职业教育教材体系的建立对实现我国艺术职业教育又好又快发展，无疑具有战略意义。

全国艺术职业教育系列教材建设是文化部、全国文化艺术职业教育教学指导委员会、中国艺术职业教育学会启动的艺术职业教育质量工程之一，它是为了适应新形势下我国艺术职业教育发展需要而编撰出版的系列教材。其选编思路是主动适应国家文化产业升级发展需求，对接行业、职业标准；打破学科框架束缚，以项目、任务为导向组织教材内容，突出学生能力培养，体现艺术类专业基于实践的科学合理的学习过程；注重国际视野站位与先进教学技术手段的运用，反映文化艺术行业、产业发展的新方向和新趋势；同时注重收纳具有民族精神与民间特色的非物质文化遗产内容，实现高校文化传承功能。

全国艺术职业教育系列教材涵盖音乐、舞蹈、戏剧、美术等各个艺术门类，分高职卷和中职卷，按照宜统则统，宜分则分，分类分步，梯次推进的原则，重点开展专业核心课、专业基础课、公共基础课教材的开发与建设。本次系列教材编写联合全国 18 所高职艺术院校，集中全国艺术职业教育的优质资源，着力打造一批理念先进、内容科学、构架合理、特色鲜明的艺术职业教育精品教材。

全国艺术职业教育系列教材的出版，是对不断深化的艺术职业教育教学改革成果的总结。我们相信，它的广泛使用，将为实现全国优质艺术教育教学资源共享搭建平台，使艺术职业教育教学行为更系统、规范、科学，从而推进全国艺术职业教育教学的整体持续发展，为实现文化强国战略提供坚实的人才支撑与质量保障。

总编委会

2012 年 9 月

序

茶艺是饮茶的生活艺术，它包括选茶、备器、择水、取火、候汤、习茶的程序和技艺。最早关于茶艺的记载，可见于晋代杜育的《荈赋》，择水——“挹彼清流”，择取岷江中的清水；选器——“器择陶简，出自东隅”，茶具选用产自东隅的瓷器；煎茶——“沫沉华浮，焕如积雪，晔若春”，煎好的茶汤，汤华浮泛，像白雪般明亮，如春花般灿烂；酌茶——“酌之以匏，取式公刘”，用匏瓢酌分茶汤。以上所描述的，就是中国茶生活艺术的一个雏形。唐代陆羽著的《茶经》，更加完整地记载了茶叶从种植、生长到采摘以及烹茶、选水、选茶具等全部过程，把饮茶提升到一个更高的艺术境界。

近现代，中国茶艺的发展如火如荼，不仅在各类茶展中频频亮相，各级别茶艺比赛也层出不穷，有关茶艺的书籍也出版不少，但多以茶文化知识、茶叶冲泡以及茶学其他学科理论等相关知识为主，“艺”的部分少了些，尤其以茶艺表演为主要内容的教材并不多见。

《茶艺表演教程》明确地将茶艺表演定位在以茶的泡瀹技艺为基础，以高雅的艺术表演手法为形式，构成一个具有主题内容的综合性艺术表现载体，凸显出该教程的特色。《茶艺表演教程》在内容上以茶艺表演的形成与类型、茶艺基础、当代基础茶艺、仿古茶艺、民俗茶艺、宗教茶艺、外国茶艺、创意茶艺为线索，诠释了茶艺表演概念，以茶艺表演实例结合茶艺表演编创进行阐述，图文并茂，体现了专业性和科普性。因此，本教程既可以作为各校茶艺表演课程的教材，也可以作为茶艺培训机构培训茶艺师的参考教材，还可以作为茶艺从业者茶艺编创、茶艺设计的指导性教材，也是茶艺爱好者自学茶艺技能的重要读物。

作为一位老茶人，我见证了近现代中国茶产业的发展历程，我为毕生能为中国茶贡献绵薄之力而感到自豪。如今，我又见证了这本《茶艺表演教程》的出版，作者对茶文化事业孜孜不倦的追求和奋斗的精神让人感佩。我为他们在写书立作，传世后人，培养一代又一代祖国未来茶文化事业的接班人而感到欣慰！

是为之序。

张天福
2014.5.20.

前　言

茶，一片神奇的东方树叶。几千年前，我们的祖先发现了茶，在漫漫的历史长河中，从鲜叶咀嚼生吃到煮食、饮用，茶已深深融入人们的生活，成为人与自然、人与人之间沟通的桥梁。俗话说，“开门七件事，柴米油盐酱醋茶”，可见茶与人们的生活紧密相连；又说，“文人七件宝，琴棋书画诗酒茶”，可见饮茶在人们的生活里，已不单纯是为了解渴，而是一种美的享受，文化与艺术的熏陶。20 世纪末以来，随着中国茶文化的快速发展，茶艺表演也逐步形成一种新型的表演形式。

《茶艺表演教程》由福建艺术职业学院茶文化专业教研室组织编写，同时邀请福建海洋职业技术学院张娴静、江西省婺源茶校胡凤仁、福建安溪茶校李菊花等相关院校茶文化(茶艺)专业教师参编。笔者根据高职教学的特点以及近年来茶文化发展的新趋势，在总结多年茶艺表演教学实践的基础上，汲取业内专家的宝贵经验和多家茶艺表演精华，凝练茶艺表演概念，观点独到，角度新颖，为学习者展示各种茶艺表演表现类型、冲泡手法和编创手法，使学习者能系统地掌握多种茶类的基本冲泡手法和茶艺表演编创技巧。本教程概念简明，文字精练，图文并茂，通俗易懂；既注重茶艺表演知识结构的条理性和技能的可操作性，又充分展示茶艺的艺术性和表演性；既新颖不落俗套，又科学合理，具有实用性和可推广性。

全书共分八章，各章节作者如下：

第一章、第二章由陈力群、郭威执笔。

第三章由郭威、陈力群执笔，胡凤仁、黄晓丹、李菊花参编。

第四章由郑蕾执笔。

第五章第一节“汉族民俗茶艺”的“擂茶茶艺”部分由黄晓丹、郑琳琳执笔；“农家茶艺”、“新娘茶艺”部分由胡凤仁执笔；第二节“少数民族民俗茶艺”由张娴静执笔。

第六章由张娴静执笔。

第七章由石晶执笔。

第八章由陈力群、郭威执笔，饶华参编。

全书由主编陈力群统稿。

本教程的出版得到了福建艺术职业学院出版基金的资助。在编写过程中，本书编委对教程的编写进行多次认真研讨与斟酌，形成书稿后又经历一年教学实践，不断总结经验、修订书稿。书内图片由福建艺术职业学院茶文化专业教研室负责整理提供，第二、三、八章图片由陈力群拍摄，第二、三章实操动作由欧阳姝清示范。

本教程为高职高专院校茶文化及相关专业茶艺表演的教科书，亦可作为其他院校师生及茶艺爱好者培训学习的参考书。本教程在编写过程中参阅了大量的同类书籍和相关材料，从中汲取了许多有价值的研究成果和资料。虽然书后列有参考文献，但难免疏漏。在此，在对本教程涉及的专家、学者表示衷心感谢的同时，我们亦深表歉意！由于时间仓促，内容广泛，学识有限，书中疏漏和不妥之处在所难免，恳请广大师生、读者赐教惠正。

编　者

2015 年 6 月

目　录

第一章

概　　述

茶，是中华民族的举国之饮。几千年前，我们的祖先发现了茶，从鲜叶咀嚼生吃到煮食、饮用，在漫漫的历史长河中，茶的饮用方式历经了煮、煎、点、泡的发展与变化过程，已深深融入人们的日常生活之中。近年来，随着社会经济的发展、人们生活水平及文化品位的不断提升，饮茶已不再是单纯地满足生理解渴需求，更多的品茗者开始注重茶叶泡饮过程中所呈现的茶文化，而茶艺正是茶文化的表现载体之一。当代中国茶文化的复兴可以说是从弘扬茶艺开始，又在茶艺的基础上发展出了异彩纷呈的茶艺表演形式。茶艺表演迎合当代人赏茶品茗过程的审美需求，由我国古代的食茶雏形逐渐发展，最终成为当代中国茶文化不可或缺的重要组成部分。

第一节　茶艺表演形成

一、茶艺表演溯源

茶艺表演是在茶艺的基础上发展形成的。中华茶艺古已有之，但自5000年前神农尝百草乃至以后相当长的历史时期中，人们只是把茶作为食用与药用，开始是将鲜叶生吃咀嚼，后逐渐改为煮饮。茶艺追溯其源，据文字记载，距今约两千年之历程，即萌芽于晋代，形成于唐代，成熟于宋代，发展于明清，兴盛于当代。

晋代张载的《登成都白菟楼》是最早的茶诗之一，该诗将茶作为艺术欣赏对象，其中“芳茶冠六清，溢味播九区”诗句，赞咏茶的香气芳香四溢，胜过宫中“六饮”①，誉满九州。杜育在《荈赋》中对取水、择器、冲瀹、观赏汤色等茶艺要素都作了清晰的描述，其中“惟兹初成，沫成华浮，焕如积雪，晔若春敷”之句更是以重笔描绘出茶汤泡沫的展现形态。

唐代社会经济、政治鼎盛，饮茶之风盛行。唐代茶有“粗、散、末、饼”之分，故茶的煮饮之法亦有不同。粗茶须击碎，散茶用于煎，末茶要炙焙，饼茶得捣碎，但不论什么形状的茶，弄茶手法都是将茶投入容器进行煮煎，故统称为“唐煮”。陆羽根据先人的饮茶经验，撰写了世界上第一部关于茶的专著《茶经》。《茶经》对中华茶艺活动作了较为详细的记载与阐述，为中国茶文化的发展奠定了基础。由此，陆羽也被人们尊称为“茶圣”。陆羽在《茶经·五之煮》中详细介绍了煮茶法程序：“第一道烤茶，烤好后趁热用纸袋装好以保持香气；第二道碾茶，等茶冷却后将其碾成茶末；第三道烧水，用水最好是选择山上的乳泉或石池漫流的水，其次是用江河之水，最差的是井水；第四道加盐，待锅中的水出现鱼目小泡时(即第一沸)，往水中放进适当的盐；第五道舀水，当锅的边缘出现连珠般往上冒泡时(即第二沸)，用勺舀出一瓢水，并用竹夹搅动沸水转

---

① “六饮”亦称“六清”，周代宫廷中的六种饮料。据《周礼》载，其名为：水、浆、醴、凉、医、酏。

圈；第六道置茶，用茶则将适量的茶末倒入转动的旋涡中；第七道点水，待水波翻腾时（即第三沸），将刚才舀出的水掺回锅中以止沸，使水面生成'汤华'；第八道分茶，将汤华均匀地分到各茶碗里；第九道品饮，让宾客乘热饮之。"唐代封演在《封氏闻见记·饮茶》中明晰地对茶艺表演的过程作了描述："……有常伯熊者，又因鸿渐之论广润色之。于是茶道大行，王公朝士无不饮者。御史大夫李季卿宣慰江南，至临怀县馆，或言伯熊善茶者，李公请为之。伯熊著黄衫、戴乌纱帽，手执茶器，口通茶名，区分指点，左右刮目。茶熟，李公为歠两杯而止"。可见，饮茶在唐代已成为一种生活的艺术行为，而且具有一定表演流程和解说、着表演服、带有艺术观赏性的茶艺表演形式在唐代业已形成。

宋代时期，中国茶馆文化形成，饮茶之风更为普及，茶的冲泡方式以点茶法取代了煮茶法，时兴斗茶，斗茶的主要内容是看汤色与汤花，同时，为便于分辨茶叶色泽，多使用黑色茶盏。北宋末期茶筅的出现，使点茶、分茶更趋精致化，被时人称为"茶百戏"。宋代的点茶法是将碾后的茶末置入茶盏，匀水后用沸水冲点，并以茶筅击拂产生"汤华"，整个饮茶过程充满审美情趣，具有一定的艺术表现力。同时，宋代将"色、香、味"列为品茶的三大标准，故有茶艺成熟于宋代之说。

到了明代，由于朱元璋"罢造龙团，惟采芽茶以进"的"废团茶兴散茶"新政出台，团茶、饼茶被散茶取代，散茶的品种也因而迅速增多。同时，以沸水冲泡茶叶的瀹饮法的定型，使茶饮方式发生了划时代的变化，正如明人文震亨在其所著《长物志》卷十二"茶品"中所述："简便异常，天趣悉备，可谓尽茶之真味矣。"明代中后期，由于紫砂壶的宜茶特性渐为茶人所知，故人们泡茶器具多以使用壶、盏等，从而出现"景瓷宜陶"争锋之局面。散茶的兴起，逐渐与社会生活、民俗风尚以及人生礼仪等相结合，加之明代茶具以淡、雅为宗，迎合文人审美意向，促使明代"文士茶"的发展更具特色，对品茗"至精至美"之境的追求达到新高度。张源在其《茶录·茶道》中记道："造时精，藏时燥，泡时洁，精、燥、洁，茶道①尽矣。"

清雍正年间，随着乌龙茶在福建创制而成，我国以加工工艺划分的绿茶、红茶、乌龙茶、白茶、黄茶以及黑茶等六大茶类基本形成。清代时期，由于受到外来文化之冲击，许多传统文化逐渐式微，茶艺活动亦愈简化，逐渐趋于品茶活动，时人更注重品茶的闲适意境，讲究精茶、好水、雅具等的品鉴赏玩。社会的需求促使宜兴紫砂壶和景德镇瓷器茶具得以迅速发展，且形制越加小巧美观，丰富多彩，进而演化出风格独特、影响极大、使用"茶室四宝"②"的闽粤功夫茶艺。施鸿保在其所撰《闽杂记》卷十"功夫茶"中记载："漳、泉各属，俗尚功夫茶，器具精巧，壶有小如胡桃者，名盂公壶，杯极小者，名若琛杯，茶以武夷小种为尚，有一两值番钱数圆者。饮必细啜久咀，否则相为嗤笑。或谓功夫乃君谟之误，始于蔡忠惠公也……故尚此茶，取其饮不多而渴易解也。"

---

① 张源所记的"茶道"实指"茶之艺"，即造茶、藏茶、泡茶之艺。

② "茶室四宝"，即玉书煨、潮汕炉、孟臣罐、若琛杯。

中华茶艺虽然历史悠久，但在很长的历史时期里，除了零星可见一些与茶艺相近的词或表述外，并无“茶艺”一词，中国古人将“茶道”一词与“茶艺”等同，即“茶之为艺”。“茶艺”提法虽然在20世纪30年代曾在大陆出现过①，但与现在的茶艺含义有别。20世纪后期，茶文化热潮先后在海峡两岸兴起，70年代末80年代初，中国台湾茶人推出使用“茶艺”一词，这时的“茶艺”，仍是作为“茶道”的同义词或代名词。他们说，采用“茶艺”，一是避免与日本茶道的提法相混淆；二是中国人对于“道”字特别庄重，怕提出“茶道”过于严肃，不易被民众较快地接受。20世纪80年代初，“茶艺”提法导入大陆②，全国各地广泛使用，并赋予其新的内涵。当代的茶艺表演形式在80年代后期出现，这时的茶艺表演多是反映饮茶风俗的题材，如“客来敬茶”、“白族三道茶”、“潮州功夫茶”等。1992年，仿古茶艺表演“公刘子朱权茶道”在“首届国际西湖茶会”上推出。随后，仿古式、宗教式、民俗式、创新式等各种茶艺表演形式亦相继涌现，百花纷呈，人们开始对茶艺表演的动作、服饰、礼仪、茶具、环境和音乐等提出更多要求。茶艺作为一种综合性艺术表演活动，在不断深化的过程之中，以更新的形式和内容迎合时代的新需求。

二、茶艺表演概念

自从我们的祖先发现和饮用茶叶以来，饮茶方法经历了一个漫长的发展变化过程。我国地域辽阔，茶类众多，且风俗与习惯不一，因此，各种茶类的饮用方法既有相同的一面，又有各自不同的特点。尤其当今，随着人们生活水平和文化品位的不断提高，饮茶已不再是单纯地满足生理解渴的需求，许多饮茶者更加注重茶叶泡饮过程中所呈现出的茶文化，而茶艺则是与人们饮茶过程最贴切的茶文化表现载体之一。

当代中国茶文化的复兴可以说是从弘扬茶艺开始的。但是，茶文化界对茶艺的诠释至今尚未统一，当前主要是持有广义和狭义两种理解观点。广义的理解观点将茶艺内涵拓展与茶文化同义，甚至认为整个茶学领域都属茶艺活动范围；持广义理解观点的有范增平、丁文、王玲、陈香白、林治等人。狭义的理解观点认为，中国茶学教育和学科建设已在世界处于领先地位，并有较为成熟和完善的茶学分支学科，远非“茶艺”所能涵盖，茶艺应为泡茶与饮茶的技艺；持狭义理解观点的有陈文华、蔡荣章、丁以寿、余悦等人。正当人们围绕着什么是茶艺众说纷纭、莫衷一是之时，茶艺表演以其独特的、全新的形式展现在世人面前。近三十年来，茶艺表演渐渐受到人们的关注，当代文化茶人将各自不同的思维与审美观，注入茶艺表演之中，使之如雨后春笋般涌现，茶艺表演进入群芳争艳的繁荣时期，人们都在通过实践来诠释茶艺表演与泡茶之间文化内涵的不同。茶艺表演更符合人们的审美需求，它已经由我国古代的雏形逐渐发展为当代中国茶

① 安徽乡贤傅洪祯曾于1930年编印过《茶艺文录》，傅先生当时随胡浩川茶叶大师在祁门茶叶改良场从事茶叶研究工作。

② 台湾中华茶文化学会理事长范增平先生是第一位把茶艺带进中国大陆的使者。

文化不可或缺的重要组成部分。

茶艺表演是以中国茶道精神和审美理念为指导、以行茶流程为基础的表演艺术形式。它通过表演者的手眼身法步将茶的泡瀹技艺与视觉艺术、听觉艺术相结合，构成一个具有主题内容的综合性艺术表现载体。它源于长期的茶事活动，并逐渐形成相对稳定的内容和形式。

第二节 茶艺类型

由于茶的种类繁多，且各地的风俗与习惯不一，冲泡与饮法有着各自不同的方式，加上人们在分类时所采取的标准与观察角度的不同，当今茶艺分类呈现出多种多样的形式。例如，以民俗分类，有客家擂茶、惠安女茶俗、白族三道茶、周庄阿婆茶、新娘茶等；以冲泡器具分类，有杯泡法、盖碗泡法、壶泡法等；以表现形式分类，有表演型、营销型、生活型等；以人为主体分类，有宫廷茶艺、文士茶艺、民俗茶艺、宗教茶艺等；以冲泡方式分类，有煮茶法、点茶法、泡茶法、冷饮法、调饮法等；以茶为主体分类，有绿茶、红茶、乌龙茶、白茶、黄茶、黑茶和花茶等；以地域分类，有北京盖碗、西湖龙井、婺源文士、修水礼宾等，众说不一。这些分类方式都有其各自的道理。然而，我们纵观中华茶艺的发展史，可以清楚地看到，人们的饮茶方式是跟随着时代发展的步伐、生活的变迁而不断地进行改革与更新；如今，传统茶艺不论是在冲泡手法、表现流程还是器具选用，都已产生了翻天覆地的变化，随着茶艺表演形式的多样化发展，人们对品饮茶茗，领略茶文化艺术品位的要求也越来越高。我们再横看当今琳琅满目、花样繁多的茶艺，不外乎一是表演给众人观赏，一是冲泡给大家或自己品饮。由此，本教程将茶艺分为基础茶艺和表演茶艺两大类型。

一、基础型茶艺

2014 年 10 月 27 日实施的国家最新茶叶分类标准(GB/T30766—2014)规定，茶叶分类是以加工工艺、产品特性为主，结合茶树品种、鲜叶原料和生产地域为原则进行划分，类别分有绿茶、红茶、黄茶、白茶、乌龙茶、黑茶、再加工茶等 7 类。以这 7 类基本茶为主体形成的基本茶艺有绿茶茶艺、红茶茶艺、乌龙茶茶艺、白茶茶艺、黄茶茶艺、黑茶茶艺和再加工茶茶艺(常见的有花茶茶艺等)。在冲泡器具的选择上，当前茶界人士大多选用玻璃杯、盖碗和壶进行冲泡，即玻璃杯泡法、盖碗泡法和壶泡法等。7 种基本茶艺与玻璃杯、盖碗和壶等器具的组合，形成了当代茶艺最通用也是最基础的茶艺冲泡表现手法，我们将其称为当代基础茶艺。

个人品茗或奉茶待客之生活茶艺；茶叶营销机构(场所)、茶艺馆(会所)等通过茶艺来对茶及与茶相关产品等进行营销的经营型茶艺亦基本采用该表现形式。

二、表演型茶艺

表演型茶艺源于生活并高于生活，是在茶艺的基础上，以审美欣赏为主线进行艺术加工编创，通过表演者的手眼身法步将茶的泡瀹技艺与视觉艺术、听觉艺术相结合，而构成的一个具有主题内容的综合性艺术表现载体。

为便于教学，我们以人类社会在不同时期参与不同类型的茶事文化活动的题材进行分类，将常见的茶艺表演归纳为仿古茶艺、民俗茶艺、宗教茶艺、外国茶艺和创意茶艺等五种类型进行阐述。

1. 仿古茶艺

仿古茶艺是以历史相关人物、现象、事件等资料为素材，经艺术加工与提炼而成，具有深厚的历史文化底蕴。常见的仿古茶艺有宫廷茶艺、文士茶艺和仿宋点茶等表现形式。

(1)宫廷茶艺。宫廷茶艺是我国古代帝王为敬神祭祖或宴赐群臣进行的茶艺，以帝王权臣为主，宣扬雍容华贵、君临天下之观念。宫廷茶艺的特点是场面宏大、礼仪烦琐、气氛庄严、茶具奢华、等级森严且带有政治教化、导向等色彩。比较有名的有唐代的清明茶宴、唐玄宗与梅妃斗茶、唐德宗时期的东亭茶宴，宋代皇帝游观赐茶、视学赐茶以及清代的千叟茶宴等。

(2)文士茶艺。文士茶艺是在历代儒士们品茗斗茶的“文士茶”基础上发展起来的茶艺，以文人雅士为主，追求“精俭清和”的精神，茶席多以书、花、香、石、文具等为摆设，注重茶之“品”。比较有名的有唐代吕温写的三月三茶宴，颜真卿等名士在月下啜茶联句，白居易的湖州茶山境会以及宋代文人在斗茶活动中所用的点茶法、瀹茶法等。明代后期的“文士茶”也颇具特色，其中尤以“吴中四才子”①最为典型。如文徵明的《惠山茶会图》《陆羽烹茶图》《品茶图》，唐寅的《烹茶画卷》《品茶图》《琴士图卷》《事茗图》等图，图中描绘了高士或于山间清泉之侧抚琴烹茶，泉声、风声、古琴之声，与壶中汤沸之声合为一体；或于草亭中相聚品茗，又或独对青山苍峦，目送江水滔滔。文士茶艺的特点是文化内涵厚重，品茗时注重意境清雅，茶具精巧典雅，气氛轻松怡悦，体现诗书琴画之内容，常和清谈、赏花、玩月、抚琴、吟诗、联句、鉴赏古董字画等相结合，深得怡情悦心、修身养性之真趣。

(3)仿宋点茶。点茶法是宋代独特的饮茶方式，其特点是将团饼茶碾碎成抹后置入茶盏中冲点，并使用茶筅将茶汤击打成丰富的泡沫后饮用，与唐代的煮茶法截然不同。点茶法中的分茶手法是巧妙地利用茶汤的纹脉勾勒出栩栩如生的文字和图像。这种以泡沫表现字画的独特艺术形式亦称茶百戏，极具艺术欣赏性。

2. 民俗茶艺

民俗茶艺是根据我国各民族传统的地方饮茶风俗习惯，经艺术加工，提炼而成，以

① “吴中四才子”，指文徵明、唐寅、祝允明和徐祯卿四人。

反映各民族的茶饮风俗。我国是个多民族国家，各族人民对茶都有着共同的爱好与需求，但在这广袤的大地上，经过悠久历史的演变与长期的饮茶实践，各民族之间、本民族之间千里不同风，百里不同俗，形成了各自不同的、具有独特风格与韵味的饮茶习俗。如闽粤赣湘的客家擂茶、新娘茶、浙江湖州青豆茶、江苏周庄阿婆茶、安徽徽州农家枣栗茶、江西宁红什锦茶等以及少数民族的白族三道茶、土家族打油茶、畲族宝塔茶、回族罐罐茶、苗族油茶、蒙古咸奶茶、藏族酥油茶、纳西族龙虎斗茶、布朗族酸茶、维吾尔族香茶、哈尼族煎茶、基诺族凉拌茶、彝族隔年陈茶、傣族和拉祜族的竹筒香茶、德昂族和景颇族的腌茶、傣族和佤族的烧茶等。这些民俗茶艺的表现形式各异，内容丰富多彩，清饮调饮不拘一格，具有浓郁的地域色彩。一些民俗茶艺还体现出极高的技艺性，如四川茶馆的掺茶等。

3. 宗教茶艺

宗教茶艺主要是反映佛教、道教等的茶事活动。我国佛教、道教与茶结有深厚缘分，僧人羽客常以茶礼佛、以茶祭神、以茶助道、以茶待客，并以茶修身。道家以茶求静，茶的品格蕴含道家淡泊宁静、返璞归真的神韵；佛家以茶助禅，由茶入佛，从参悟茶理上升至参悟禅理，并形成“静省序净”的禅宗文化思想。正如赖功欧在《茶哲睿智》中写道：“道家的自然境界，儒家的人生境界，佛家的禅悟境界，融汇成中国茶道的基本格调与风貌。”以此为基础，形成了多种独特的宗教茶艺形式。宗教茶艺气氛庄严肃穆、礼仪特殊、茶具古朴典雅，追求质朴、自然、清静、无私、平和，体现出“天人合一”、“茶禅一味”的哲理。常见的宗教茶艺有禅茶茶艺、太极茶艺、观音茶艺和三清茶艺等表现形式。

4. 外国茶艺

中国乃茶之发源地。茶自公元4—5世纪传入高丽；9世纪初传至日本；15世纪初，中国茶叶开始销往西方；17世纪直接销往英国；18世纪后叶，印度从中国引进茶种，现为世界第二大茶叶生产国；19世纪中叶，锡兰从中国引进茶种，现为世界第三大茶叶生产国。中国的茶叶与丝绸、瓷器一起，成为中国在全世界的代名词。据统计，当今世界有160多个国家约30亿人口喜好饮茶，并逐渐形成这些国家颇有特点的品饮习俗，如日本茶道、韩国茶礼、英国下午茶、摩洛哥三道茶、美国冰茶、马来西亚拉茶、印度调味茶等。目前常见作为交流的外国茶艺表演形式有日本茶道、韩国茶礼和英国下午茶等。

5. 创意茶艺

创意茶艺指有创造性想法和构思的有主题性的茶艺。它与以现实或史实题材编创的茶艺不同。我们在选择历史题材编创仿古茶艺或者选择民俗题材编创民俗茶艺时，要求对历史题材的展现一定要尊重史实，对民俗民风要作深入的了解，以吻合历代的或地域的实际情况。而创意茶艺由于其创意性的特征，它可以根据某个或某几个素材所触发的灵感，作无限的想象空间发展；它可以超越现实或史实作艺术性的升华，形成故事题材；当然，它也必须符合编创的原则和规律，不能脱离逻辑的轨道。茶艺表演的编创者将某一茶艺形式通过选用的某种题材进行综合性艺术的创意设计，使之形成富有新意的、具有创造性构思的、有主题内容的茶艺表演艺术。

思考与实操练习

1. 什么是茶艺表演？

2. 古代文人茶艺以哪五样为摆设？文人茶艺的精神追求是什么？

3. 被誉为中国“茶圣”的是谁？他撰写的世界上第一部关于茶的专著书名是什么？

4. 宋代时期品茶的标准有哪些？宋代斗茶的主要内容是什么？

5. 我国最新茶叶分类标准规定，茶叶分类是以什么为原则进行划分，类别分有哪几类？

6. 禅宗的文化思想是什么？常见的宗教茶艺有哪些？

第二章

茶 艺 基 础

第一节　茶艺器具

茶具，众所周知是指泡茶时所使用的专门器具。但在唐代以前，茶具之称谓涵盖了采茶、制茶、贮茶、饮茶等过程中使用的各种器具，单就泡茶使用的专门器具则称为茶器；自宋代之后，茶具与茶器的称谓才逐渐合一。

一、主要茶具

泡饮茶品所使用的主要茶具包含有壶、杯、碗、盅等器具，对茶艺的表演以及冲泡时茶汤的好坏起着至关重要的作用。

1. 茶壶

茶壶是泡茶的主要用具，由壶盖、壶身、壶底和圈足四部分组成。壶盖有孔、钮、座、盖等细部；壶身有口、沿(唇墙)、嘴、流、腹、肩、把(柄、扳)等细部，见图2.1.1。壶的把、盖、钮、嘴、底、形等的细微差别，使得壶的造型千姿百态，样式繁多，“方非一式，圆不一相”，形成了其独特完美的艺术表现形式和特有的艺术体系。

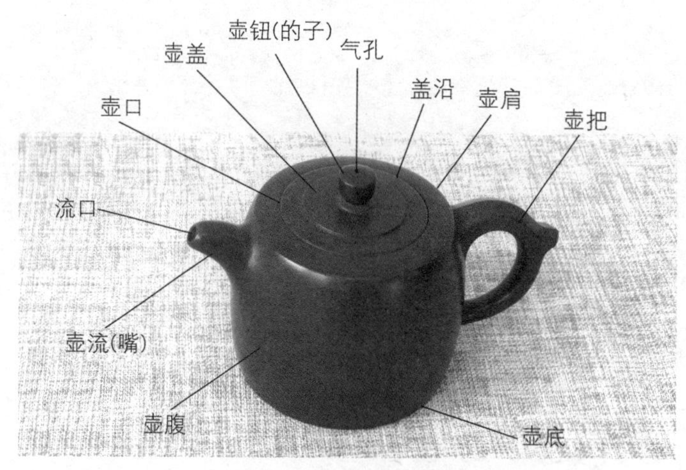

图2.1.1　茶壶结构图

(1)壶把不同。有侧提壶、提梁壶、飞天壶、握把壶、无把壶等之分，见图2.1.2。

(2)壶盖不同。壶盖有方、圆、异口、异形等类型，有虚盖、平盖、线盖、牛鼻盖、盆底盖等形状。按壶盖与壶口的不同接合，有压盖、嵌盖、截盖等之分。

①压盖壶，为壶盖覆压于壶口之上的样式，其盖沿的外直径通常比口沿略大，行话称之为“天压地”；有单线压盖与双线压盖之分，见图2.1.3；其盖沿和口沿的处理有方线、圆线两种，盖沿和口沿能上下呼应；这类的壶有仿鼓壶、石瓢壶、掇球壶、憨壶、匏壶等。

图 2.1.2　侧提壶、提梁壶、握把壶

图 2.1.3　单线压盖、双线压盖

②嵌盖壶，指壶盖覆于壶口后，壶盖沿嵌于壶口内的样式，并与壶身融于一体，行话称之为“地包天”，见图 2.1.4；有平嵌盖与虚嵌盖之分。平嵌盖口与壶口呈同一平面，制作时在同一泥片中切出，故收缩一致，如矮井栏壶、一粒珠壶、鱼化龙壶等；虚嵌盖与壶口呈弧形或其他形状，形制规整，口部以装饰线处理，有直口、瓢口、雌雄片口等结构，与平嵌盖手法相似，以严密、精缝、通转为上。

图 2.1.4　嵌盖壶

③截盖壶，在完整的壶体上，截割上端的一小部分作为盖子，故而得名，见图2.1.5；有半截盖、全截盖和嵌截盖之分。截盖壶的特点是简洁、流畅、明快、整体感强；其外轮廓线须互相吻接，丝严合缝，成为一条完整的线条，故对制作技术要求很高，如秦权壶、梨式壶、倒把西施壶等。

图2.1.5 截盖壶

(3)壶钮不同。壶钮亦称“的子”，形式多样，有球形、桥梁、瓜柄形、树桩形、动物肖形和花式钮等。

①球形钮，球形钮在圆壶中最常用，多呈珠形、扁笠、柱形，见图2.1.6；制作时往往取壶身缩小或倒置造型，采用“捻摘子”工序，搓、转、压挤而成。

图2.1.6 球形钮：珠形、扁笠、柱形

②桥梁形钮，形状似拱桥，常见有圆柱、方条、筋纹如意状等，见图2.1.7；作环形时设单环、双环，亦称“串盖”；平缓的盖面，环孔硕大的为牛鼻盖。

③瓜柄形钮，花塑器常用的钮式，如南瓜柄、西瓜柄、葫芦旁附枝叶，造型活泼，见图2.1.8。

图 2. 1. 7　桥梁形钮

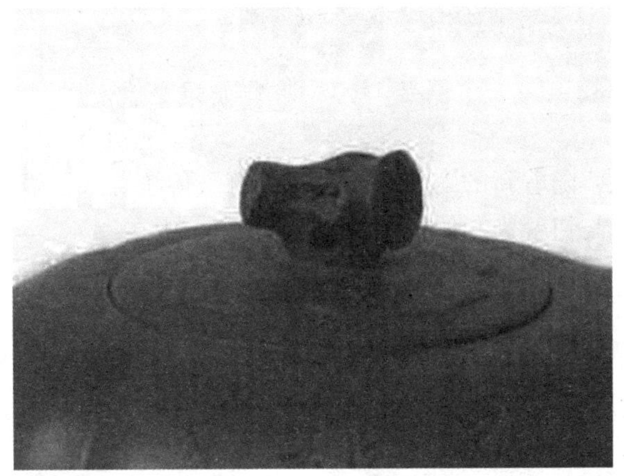

图 2. 1. 8　瓜柄形钮

④树桩形钮，取植物或果瓜的形态捏塑而成，如梅桩、竹根、葡萄等，见图 2. 1. 9。

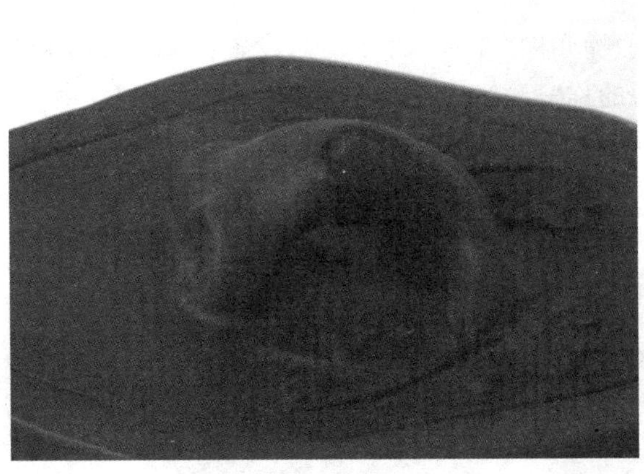

图 2. 1. 9　树桩形钮

⑤动物肖形钮，动物肖形源于印钮，采用写实、抽象变形、仿古手法并举，有狮、鱼、飞禽、十二生肖等，见图 2. 1. 10。

图 2. 1. 10 动物肖形钮

⑥花式钮及其他，随着新的陶艺形式发展，打破传统程式，壶钮花式日新月异，有壶盖边大于口，有盖与钮融为一体的等等，见图 2. 1. 11。

图 2. 1. 11 花式钮

(4)壶嘴不同。壶嘴亦称“流”，为注茶而设置；嘴与壶体连接，有明显界限的称“明接”，无明显界限的称“暗接”。壶嘴形状有一弯嘴、二弯嘴、三弯嘴、直嘴和流形鸭嘴等，嘴孔又有独孔、多孔和球孔之分，见图 2. 1. 12、图 2. 1. 13、图 2. 1. 14。

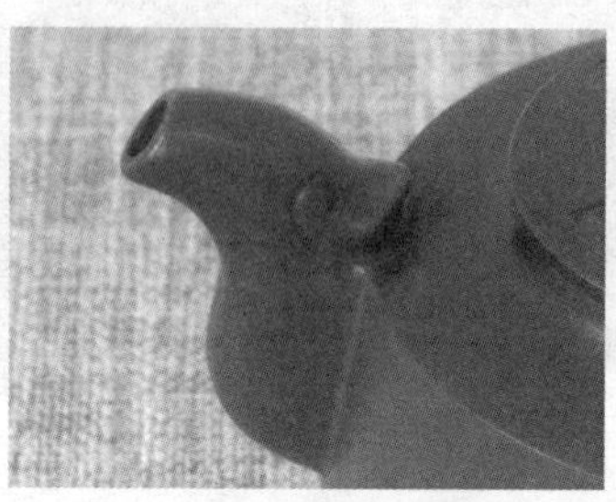

图 2. 1. 12 一弯嘴、二弯嘴、三弯嘴

图 2. 1. 13 直嘴、流形鸭嘴

图 2. 1. 14 多孔、球孔

(5)壶底不同。有捺底壶、钉足壶、加底壶等形状，见图 2. 1. 15。

图 2. 1. 15 捺底壶、钉足壶、加底壶

(6)壶形不同。有圆器、几何器、筋纹器、花塑器等造型。

①圆器，茶壶壶体呈球形或椭圆形等形状，匀称圆润、隽永耐看，见图 2. 1. 16。

②几何器，运用点、线、面组合，构成的壶体造型，有方形、菱形、锥形、圆柱形、楞形、梯形、悬胆、张肩等形状的茶壶，线面挺括平整、轮廓分明，显示出干净利落、明快挺秀的阳刚之美，见图 2. 1. 17。

图 2. 1. 16　圆器

图 2. 1. 17　几何器

③筋纹器，茶壶壶体呈云水纹理，线条脉络清晰有致，卷曲线条和润贯气，嘴扳形制筋纹处理协调得体，见图 2. 1. 18。

图 2. 1. 18　筋纹器

④花塑器，通过捏塑、雕刻、塑饰等手艺技法，巧用紫砂泥的天然色彩仿照自然界动植物、器物等造型制作的茶壶，如树瘿壶、南瓜壶、梅桩壶等，具有神形兼备的效果，见图 2.1.19。

图 2.1.19　花塑器

(7)内胆不同。有普通壶、滤壶等。

①普通壶：普通的茶壶没有安放滤胆，直接将茶叶置入冲泡。

②滤壶：滤壶在茶壶的壶口安放滤胆，以使茶渣与茶汤隔开，见图 2.1.20。

图 2.1.20　滤壶

(8)材质不同。制作茶壶的材质很多，有紫砂、陶瓷、玻璃、金属、石质、木质、脱胎漆器等，较常用的有紫砂壶、瓷器壶和陶器壶等。

2. 品茗杯

品茗杯亦称品饮杯，是用于品啜茶汤、观赏汤色的器具；其材质常用的有瓷质、陶质、紫砂和玻璃等。品茗杯的种类可分为：

(1)直口杯。杯身呈圆柱形，亦称桶形杯，见图 2. 1. 21。

图 2. 1. 21　直口杯

(2)翻口杯。杯口呈喇叭状，向外翻出，见图 2. 1. 22。

图 2. 1. 22　翻口杯

(3)敞口杯。杯身呈倒八字形，亦称盏形杯，见图 2. 1. 23。

图 2. 1. 23　敞口杯

(4)收口杯。杯口向里收，亦称鼓形杯，见图 2.1.24。

图 2.1.24　收口杯

(5)盖杯。配有杯盖，又分有把与无把，见图 2.1.25。

图 2.1.25　盖杯

(6)把杯。杯身有手握把柄。

3. 盖碗

盖碗亦称盖瓯、盖杯、盖碗杯等，见图 2.1.26。由于它是一种上有盖、下有托、中有碗的茶叶泡饮器具，盖为天盖之、托为地载之、碗为人育之，暗含天地人和之意，故又称之为“三才碗”、“三才杯”。使用盖碗冲泡，可将茶汤注入公道杯后视人数多少进行分杯品啜，也可独自直接使用盖碗品饮。品啜盖碗茶，可将茶盖在茶碗水面刮拂泡沫，如同春风拂面；亦可令整碗茶水翻转，轻刮则淡，重刮则浓，清香四溢，韵味无穷。

图 2. 1. 26　盖碗

4. 玻璃杯

茶叶泡饮器具，多为长筒形，见图 2. 1. 27。玻璃杯质地晶莹剔透，光泽夺目，便于观赏杯中汤色及芽叶姿态，朵朵茶芽，亭亭玉立，在杯中翩跹起舞。

图 2. 1. 27　玻璃杯

5. 茶碗

泡茶或盛放茶汤并品饮之器具。其形状有：

(1)圆底形。碗底呈圆形，见图 2. 1. 28。

(2)尖底形。碗底呈圆锥形，亦称茶盏，见图 2. 1. 29。

图 2.1.28 圆底形茶碗

图 2.1.29 尖底形茶碗

6. 茶盅

茶盅亦称公道杯、茶海，是在分茶前盛放茶汤的器具，用以均匀茶汤。

传统功夫茶冲泡，为了避免茶汤浓淡不均，在用茶壶或盖碗分茶时，采用“关公巡城”和“韩信点兵”等程式斟茶，以体现公平。使用茶盅，可以使茶汤浓淡均匀，即将茶壶或盖碗冲泡好的茶汤先注入茶盅，再将浓度综合后的茶汤从茶盅中逐一斟入各个品茗杯；以茶盅分茶，各杯茶汤浓淡一致，可体现在茶面前人人平等的精神，因而，茶盅又被称为“公道杯”；以茶盅分茶，更加从容、平稳，不烫手，同时还能更好地保持茶桌的整洁。

茶盅种类有以下几种：

(1)壶形盅。形状如茶壶，也可直接以茶壶代以之，见图 2.1.30。

(2)无把盅。无把，为方便倒水，常将盅口往外延拉出一翻边，以代替把手，见图 2.1.31。

图 2. 1. 30 壶形盅

图 2. 1. 31 无把盅

（3）简式盅。从盅身拉出一简单出水口，无盖，见图 2. 1. 32。

图 2. 1. 32 简式盅

7. 其他

这是根据不同茶艺表演所表现的内容要求使用的特定茶具。

二、辅助用品

泡饮茶时，除使用以上主要茶具外，还需使用一些辅助器具，以方便整个泡茶过程的操作。

1. 茶道组

茶道组一般有茶夹、茶则、茶漏、茶针、茶匙、茶筒等6件器具，亦称为茶道六君子，见图2.1.33。

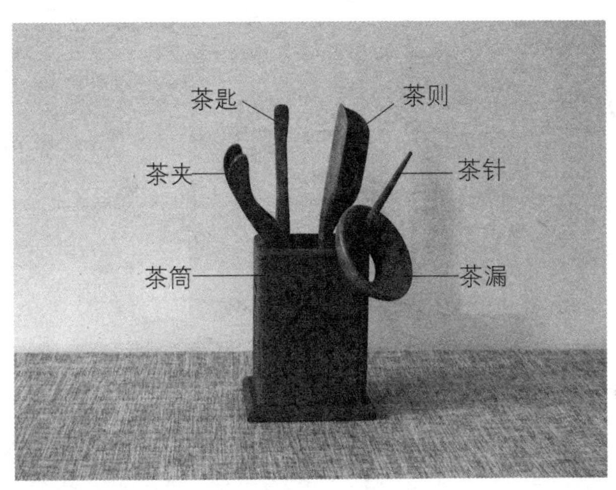

图2.1.33　茶道组

(1)茶夹，亦称茶摄。用来夹取杯具，或清洁杯具，防止烫手；亦可用于将茶渣自茶壶中夹出，有时也可用以夹取一些大块的茶品(如普洱、漳平水仙等)。

(2)茶则。呈长勺状，亦称茶勺。用其取茶，置入茶壶、盖碗或杯中，可准确地把握茶叶的用量。

(3)茶漏。呈圆形碗口状的小漏，导茶入壶之工具，亦称茶斗。当使用小茶壶泡茶时，由于壶口较小，为了便于将茶叶投入，并防止茶叶外漏，投茶时将其置于壶口，使茶叶能顺畅地从中落入壶内。

(4)茶针。呈细头长针状之器物，制作用料有竹木、角骨和金属等材质。用以疏通壶嘴堵塞物，使壶嘴出水顺畅，亦可在放入茶叶后把茶叶拨匀；金属质茶针在冲泡普洱茶时可当做茶锥使用。茶针的另一端通常为渣匙，用以从泡茶器中取出茶渣。

(5)茶匙。呈扁平弯耳勺状，亦称茶拨。为取茶或搅拌茶汤时使用的器具，协助茶则将茶叶拨入壶中。

(6)茶筒，亦称箸匙筒。用以插放茶夹、茶则、茶针、茶匙、茶漏等物的有底筒状器具。

2. 茶滤、茶滤架

茶滤亦称滤斗，用以过滤茶汤中的碎末，使茶汤更加清澈；滤网材质为金属丝或尼龙丝，主体材质有金属、陶、瓷、紫砂、竹及迷你葫芦等，见图 2. 1. 34。茶滤架用以承托茶滤之用，形状多样，材质应选用与茶滤相同，以统一配套，见图 2. 1. 35。

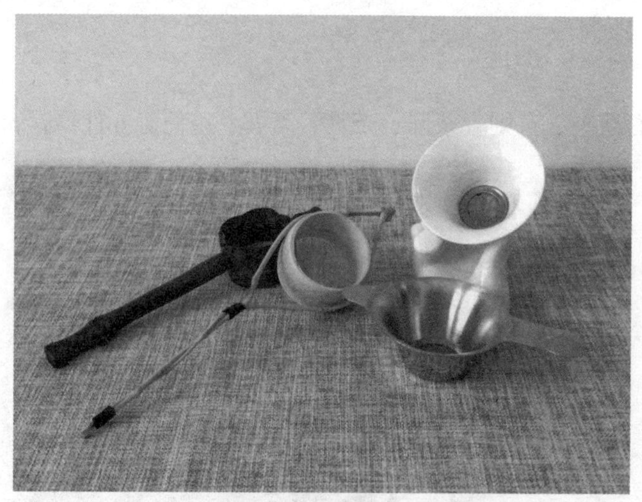

图 2. 1. 34　茶滤

图 2. 1. 35　茶滤架

3. 茶荷

茶荷亦称赏茶荷，形状大多为有引口的半球形，用竹、木、陶、瓷、金属等材质制成，用以盛放干茶，供人欣赏干茶的色泽和条索，并投入茶壶之用，亦可更好地控制置茶量，见图 2. 1. 36。

图 2. 1. 36　茶荷

4. 闻香杯

闻香杯是在冲泡台式乌龙茶时，专门用来闻嗅茶香、茶气的器具，见图 2. 1. 37。这是一种直口细长高杯，容易聚香，其容量应与配对的品茗杯一致，20 世纪末由台湾茶人发明。

图 2. 1. 37　闻香杯

5. 杯托

杯托亦称茶托，用于盛放品茗杯和闻香杯，可使茶杯不直接接触茶桌，同时也符合人们的审美需求；材质有陶瓷、竹木、紫砂、布艺等。

6. 壶垫

这是隔离壶(盖碗等)与桌(台)面直接接触所使用的器具，用以保护茶壶(盖碗等)，并防止烫伤桌(台)面。同时，起到突出主泡器茶壶(或盖碗)等的作用，提升茶席的层次感，符合人们的审美需求。

7. 茶船

茶船，用以放置茶壶(或盖碗)等，形状呈盘状或碗状。茶船亦称茶托子，由盏托演变而来，最早出现于明朝，用以防范茶盏烫手，因其形如舟，故名之茶船。清代寂园叟撰《陶雅》卷上匋雅三载：“盏托，谓之茶船，明制如船。”冲泡时，将茶壶放置茶船内，以沸水淋壶，既可防止茶水溅于桌面，也可达到“温壶”、“养壶”之效果。后也有将开有孔隙的茶盘置之其上，形成夹层茶船，冲泡时，淋壶之水可直接流至下层，既使用方便，又整洁美观。茶船种类可分为：

(1)盘状。茶船呈盘状，船沿较低矮，从侧面平视，可见茶壶完整形态，见图2.1.38。

图2.1.38　盘状茶船

(2)碗状。茶船呈碗状，船沿较高，从侧面平视，只可见到壶的上半部分，见图2.1.39。

图2.1.39　碗状茶船

(3)夹层状。茶船为双层，上层开有多个排水孔，下层为蓄水器，见图 2. 1. 40。

图 2. 1. 40　夹层状茶船

8. 茶盘

泡茶时用以摆放茶具、防止水流洒漏到桌上的底座，多以竹木、金属、陶瓷、石等材质制成。茶盘有单层与夹层之分，单层为排水式，有排水口，见图 2. 1. 41；夹层有抽屉式，也有嵌入式，见图 2. 1. 42。夹层式茶盘上层开有多处排水孔隙，用以摆放茶具，底层盛装废水；有的夹层底层也开有排水孔。

图 2. 1. 41　单层茶盘

图 2. 1. 42　夹层茶盘

9. 茶巾、茶巾盘

茶巾是用以擦拭茶具的棉织物，主要用来吸干壶底、杯底之余水；在注水、续水时用其托垫壶底部，避免烫手；亦可用来擦拭泡茶、分茶时溅落茶桌(台)的茶水，保持泡茶桌(台)的干净、整洁。茶巾折叠可根据茶巾的不同而异，现介绍两种常用的正方形茶巾折叠法：一是将正方形茶巾平铺桌面，将茶巾上下对应横折至中心线处，接着将左右两端竖折至中心线，最后将茶巾竖着对折即可。二是将正方形茶巾平铺桌面，将下端向上平折至茶巾2/3处，接着将茶巾对折，再将茶巾右端向左竖折至2/3处，最后对折成正方形。茶巾盘为放置茶巾等物品的器具，多以竹木、金属、搪瓷等材质制成。茶巾、茶巾盘见图2.1.43。

图2.1.43　茶巾、茶巾盘

10. 盖置

放置壶盖、盅盖、杯盖等的器具，有托垫式和支撑式两种。

11. 奉茶盘

茶泡好后，端送给品茶者品饮时用以放置茶杯、茶碗等茶具以及茶食的盘子，见图2.1.44。

图2.1.44　奉茶盘

12. 其他

这是根据不同茶艺表演所表现的内容要求使用的特定用品。

三、备水器具

1. 烧水器组

由汤壶和烧水炉组成，主要用来烧水泡茶，见图 2.1.45。汤壶的材质常用的有陶瓷、玻璃、金属等；烧水器(炉)常用的有酒精炉、电磁炉、炭炉等。

图 2.1.45　烧水器组

2. 水方

茶席上用以贮放清洁用水的器具。

3. 水盂

水盂亦称茶洗、滓盂，用以盛放弃水、茶渣等的器具，有时在冲泡前也用以盛放杯具，见图 2.1.46。

图 2.1.46　水盂

4. 水注

盛汤水用的一种壶形容器，其身高挑，嘴较一般壶小，使其水流特别细长，用以调节冲泡时的水温。

四、备茶器具

1. 茶叶罐

茶叶罐亦称茶罐。用以储放茶叶的容器，以防止茶叶变质；茶叶罐可根据编创作品内容的需求，制作成各种不同造型。

2. 茶荷

用于盛放茶叶，鉴赏干茶。

五、泡茶席

1. 茶桌

用以摆放茶席，提供泡茶用的桌子。

2. 茶台

用以摆放茶席，提供泡茶用的台子；比茶桌矮，根据需求制作。

3. 茶凳

高度须与茶桌相匹配。

4. 坐垫

席地或用茶台泡茶时，用于坐、跪的软垫物。

第二节 冲泡基础

一、茶之用水

茶叶必须通过水的冲泡才能为人们所享用。当我们的祖先发现将一种神奇的树叶丢入水中，水的味道随即改变之后，茶就问世了。茶以水为载体，进入了人的生活，成为人与自然、人与人之间沟通的桥梁。

水的质量直接影响茶汤的质量。自古茶人认为“水为茶之母”；水之于茶，犹如水之于鱼一样，鱼得水活跃，茶得水更有其香、有其色、有其味，可见水对茶是何等之重要。

1. 古人烹茶用水

唐代以前，人们对水的认识，大多是在对仙人生活描写中得以体现。唐代开始，随着茶品的增多，人们对茶的色、香、味要求不断提高，对水质亦有了较高的要求。唐代陆羽在《茶经·五之煮》中总结了唐以前煮茶的经验："其水，用山水上，江水中，井水下。其山水拣乳泉、石池漫流者上；其瀑涌湍漱，勿食之。"唐代张又新在其《煎茶水记》中先是引刘伯刍品评的水之排序，"称较水之与茶宜者，凡七等：扬子江南零水第一；无锡惠山寺石泉水第二；苏州虎丘寺石泉水第三；丹阳县观音寺水第四；扬州大明寺水第五；吴松江水第六；淮水最下第七"；后又列举陆羽所品评天下之水二十等："庐山康王谷水帘水第一；无锡县惠山寺石泉水第二；蕲州兰溪石下水第三……"明代张大复在《梅花草堂笔谈·卷二试茶》中谈道："茶性必发于水，八分之茶，遇水十分，茶亦十分矣；八分之水，试茶十分，茶只八分耳。"从以上古人对茶与水关系之论述得其要点如下：

(1)水要甘洁。见宋代蔡襄《茶录》"水泉不甘，能损茶味"；宋代赵佶《大观茶论·水》"水以清轻甘洁为美。轻甘乃水之自然，独为难得"。

(2)水要活鲜。见宋代唐庚《斗茶记》"水不问江井，要之贵活"；明代张源《茶录》"山顶泉清而轻，山下泉清而重，石中泉清而甘，砂中泉清而冽，土中泉淡而白。流于黄石为佳，泻出青石无用。流动者愈于安静，负阴者胜于向阳。真源无味，真水无香"。

(3)贮水得法。见明代熊明遇《罗岕茶记》"养水须置石子于瓮"；明代许次纾《茶疏》"水性忌木，松杉为甚，木桶贮水，其害滋甚，洁瓶为佳耳"；明代罗廪《茶解》"大瓮满贮，投伏龙肝一块，即灶中心干土也，乘热投之。贮水瓮预置于阴庭，覆以纱帛，使昼抱天光，夜承星露，则英华不散，灵气常存。假令压以木石，封以纸箬，暴于日中，则内闭其气，外耗其精，水神敝矣，水味败矣"。

2. 当代茶人用水

当代茶人对茶的用水指标更为讲究，要求达到"清、轻、甘、冽、活"。

(1)清。水质要清澈透明，没有杂色。

(2)轻。水以轻为美，因为水的比重越大，其中杂质越多。

(3)甘。水味要甘，水一入口，舌尖便有甜滋滋的美妙感觉，喉中有甜爽的回味。

(4)冽。寒冽的水多出自地层深处之泉脉，受污染少，滋味纯正。

(5)活。流水不腐，保持流动状态的活水有自然净化作用，不易腐败变质。

3. 常见水之类型

(1)水有软硬之分，水的硬度太高或太低都不好。

①硬水：指含有较大量的钙和镁离子(>8mg/L)的水。

②软水：指不含或含少量的钙和镁离子(<8mg/L)的水。

③暂时性硬水：水的硬性由含有碳酸氢钙或碳酸氢镁引起的为暂时性硬水；暂时性硬水经过煮沸，所含碳酸氢盐分解，生成不溶性的碳酸盐而沉淀，硬水就变为软水。

④永久性硬水：水的硬性由含有钙和镁的硫酸盐或氯化物引起的为永久性硬水；永久性硬水即便经过煮沸也不能变为软水。

(2)常见泡茶用水，可分为以下6种类型。

①天然水：天然水包括雨水、雪水、山泉水、溪水、江河水、湖水及井水。我国南方天然的水多为软水；而北方很多地区的井水、矿化度很高的泉水、河水等多为硬水，长期饮用硬水容易导致肾结石。

②自来水：自来水是经加工处理过的天然水，水源来自江河，是当代人赖以生存的生活用水，属暂时性硬水。

③矿泉水：矿泉水是采自地下深处流经岩石的地下水，含有一定的矿物质，是经过一定处理的饮用水。

④纯净水：纯净水是将自来水经过一定的生产流程加工制成，市场上销售的蒸馏水、太空水等即为纯净水。纯净水不可长期无休止地饮用，否则会导致人体微量元素缺乏。

⑤活性水：活性水是将自来水通过活性水生成器净化后，再通过电生离子交换法等特殊工艺研制而成，是弱碱性水，具有特定的活性功能。

⑥净化水：净化水是通过相应的过滤材料对自来水进行二次终端过滤处理，有效去除各类污染物质，以达到国家饮用水卫生标准。

4. 水与茶汤品质

(1)水之pH值。我国《生活饮用水卫生标准》规定：饮用水的pH值为6.5~8.0。

pH值为7.0~7.2的水叫微弱碱性水；pH值为7.3~7.5的水叫弱碱性水；pH值为7.5~8.5的水叫轻碱性水。我国天然矿泉水多为偏硅酸型的弱碱性水，都会带点甜，同时丰富的微量元素和含氧量提升了水的品质。

①微弱碱性水适合泡不发酵、轻发酵、重发酵轻焙火茶类，如绿茶、白茶、黄茶以及铁观音、台湾乌龙茶和生普洱茶。

②弱碱性水适合泡重发酵重焙火茶、全发酵茶，如岩茶、红茶、黑茶。

(2)水之硬度与茶汤品质关系密切，直接影响到茶的色香味质量。

①水之硬度影响水的pH值(酸碱度)，而pH值又影响茶汤色泽。pH>5，茶的汤色加深；pH≥7，茶黄素就倾向于自动氧化而损失。

②水之硬度影响茶叶有效成分的溶解。软水中含其他溶质少，茶叶有效成分的溶解度就高，故茶味浓；而硬水中含有较多的钙、镁离子和矿物质，茶叶有效成分的溶解度

就低，故茶味淡。

水中铁离子含量过高，茶汤会成黑褐色，无法饮用；水中铅的含量≥0.2ppm，茶味变苦；镁的含量>2ppm，茶味变淡；钙的含量>2ppm，茶味变涩，若≥4ppm，则茶味变苦。可见，泡茶用水以选择软水或暂时性硬水为宜。

总之，泡茶用水应以悬浮物含量低、不含有肉眼所能见到的悬浮微粒、总硬度不超过25°、pH值<5以及非盐碱地区的地表水为好。

二、把控汤火

关于煮水，古人十分讲究。明代许次纾在其所著《茶疏》中写道："水一入铫，便须急煮。候有松声，即去盖，以消息其老嫩。蟹眼之后，水有微涛，是为当时。大涛鼎沸，旋至无声，是为过时。过则汤老而香散，决不堪用。"他们认为泡茶煮水宜"猛火急烧"，忌"文火久沸"，"汤候"的掌握，应以水面泛"蟹眼"气泡过后，"鱼眼"大气泡刚生成时泡茶，茶汤香味皆佳。如水沸腾过久，称"老水"，此时，溶于水中的二氧化碳挥发殆尽，泡茶鲜爽味便大为逊色；未滚沸的水，称"嫩水"，也不宜泡茶，因水温低，茶中有效成分不易泡出，使香味低淡，且茶浮水面，饮用不便。

冲泡的水温高低与茶叶种类及制茶原料密切相关：较粗老原料加工而成的茶叶，宜用沸水直接冲泡；细嫩原料加工而成的茶叶，宜用降温以后的沸水冲泡。具体来说，采用粗老原料加工而成的砖茶，须打碎后放入容器中加入一定数量的水，再经煎煮，方宜饮用；采用成熟新梢加工而成的各种乌龙茶、普洱茶、沱茶等，用初次煮沸100℃水冲泡；采用原料嫩度适中新梢加工而成的普通绿茶、红茶、花茶等，用初次煮沸后冷却至90℃左右水冲泡；采用极细嫩新梢或单芽加工而成的绿茶、红茶、花茶等，用初次煮沸后冷却至80~85℃水冲泡为宜。

三、常用手法

茶艺冲泡技艺的基础手法，要求动作干净、简洁，幅度不宜过大，不要掺杂多余的造作动作；手势的运行讲究一个"圆"字，形成圆弧形向内的运行轨迹，律动宜平稳、柔和、流畅，不宜匆忙。

1. 取用器物手法

(1)捧取法。该手法用于捧取茶叶罐、茶筒、花瓶等立式物件。操作时，双手向前合抱欲取物件，双手掌心相对捧住基部移至需安放的位置，轻轻放下后收回；再去捧取第二件物品，直至动作完毕复位。

(2)端取法。该手法用于端取赏茶盘、茶巾盘、扁形茶荷、茶匙、茶点等。操作时，双手向前端取物件，平稳移动。

2. 提壶手法

(1)侧提壶。

①女士右手四指并拢与大拇指共同握住壶把，左手中指抵住壶钮。男士右手掌心向内，四指并拢与大拇指提壶把，左手呈半握拳状扣在桌沿。

②使用小侧提壶时，可将右手并拢，与大拇指共同握住壶把。

③使用侧把壶时，女士以右手握壶把，左手中指抵住壶钮，见图 2.2.1。男士右手掌心向内，四指并拢持壶把，大拇指按壶钮，左手呈半握拳状扣在桌沿。

图 2.2.1　侧把壶

(2)飞天壶。用右手大拇指按住盖钮，其余四指勾握壶把。

(3)提梁壶，见图 2.2.2。

①女士右手大拇指与中指相搭勾住壶把，食指轻抵壶把上，左手中指抵住壶钮。男士右手掌心向内，四指并拢与大拇指提壶横梁 1/3 处，左手呈半握拳状扣在桌沿。

②小提梁壶。右手大拇指与食指、中指提横梁，左手中指抵住壶钮。

(4)紫砂(瓷)壶。

①使用小壶时，女士以右手大拇指与中指相搭，勾住壶把，食指按住壶盖，无名指与小指自然弯曲。男士可将右手掌心向下，拇指与中指握壶把，食指按住壶钮，无名指与小指收拢弯曲；或者右手掌心向内，大拇指按住壶钮，食指握勾住壶把，中指抵住壶把下方，无名指与小指收拢弯曲，见图 2.2.3。

图 2.2.2 提梁壶

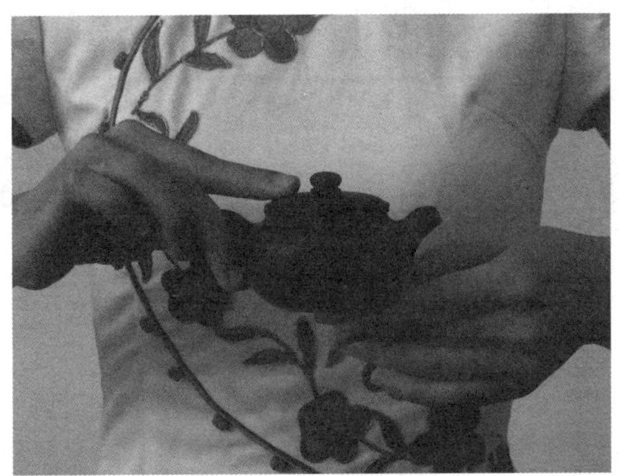

图 2.2.3 小紫砂壶

②使用大壶时，可以右手食指勾住壶把，大拇指抵住壶把上方，中指握住壶把下方，其他手指自然弯曲，左手食指与中指按壶钮，见图 2.2.4。女士亦可以右手大拇指与中指相搭，勾住壶把，食指按住壶盖，将左手呈兰花指状并用中指托住壶底，以协助右手。

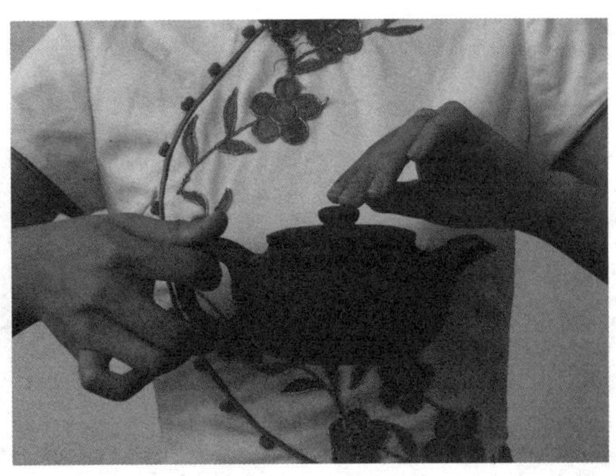

图 2.2.4 大紫砂壶

（5）无把壶。可用右手大拇指与中指平稳握住茶壶两侧外壁，食指按住壶盖，其他手指自然弯曲。

3. 握拿其他茶器手法

（1）无柄杯（玻璃杯）。女士右手大拇指、食指和中指提杯身，其他手指自然弯曲，左手呈兰花指状并用中指托住杯底，见图 2. 2. 5。男士右手四指并拢，与大拇指一起握拿杯的 1/2 处。

图 2. 2. 5　无柄杯（玻璃杯）

（2）有柄杯。用右手大拇指、食指和中指捏住杯柄；女士可将左手指尖轻托杯底。

（3）品茗杯。用右手大拇指、食指和中指捏握杯两侧，中指托住杯底，无名指及小指自然弯曲；女士亦可用左手指尖托住杯底，见图 2. 2. 6。

①无柄：右手大拇指与食指握杯沿，中指托住杯底，其他手指自然弯曲，呈“三龙护鼎”状。

②有柄：右手大拇指、食指和中指捏住杯柄，其他手指自然弯曲。

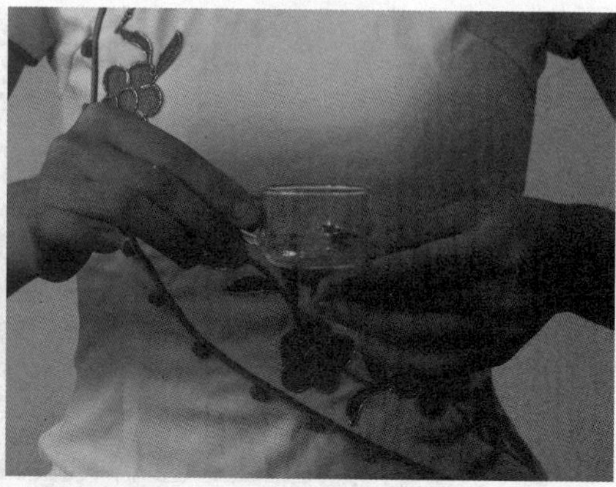

图 2. 2. 6　品茗杯（无柄、有柄）

(4)闻香杯。

①右手大拇指、食指、中指竖直持杯，其他手指自然弯曲。

②双手掌心相对，手指呈兰花指状，将闻香杯捧于手掌心，见图 2. 2. 7。

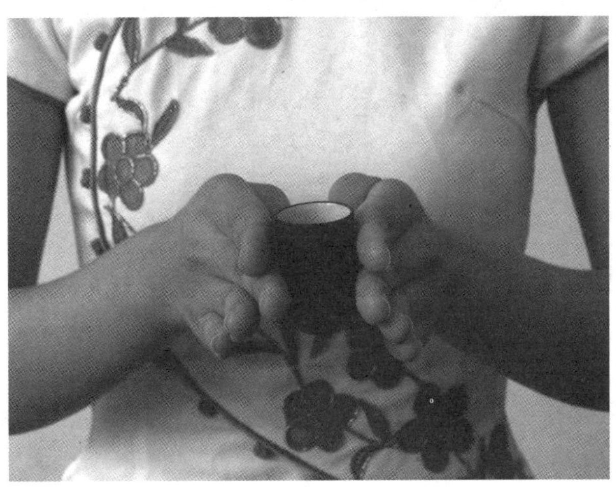

图 2. 2. 7　闻香杯

(5)盖碗。女士双手将盖碗连杯托端起，置于左手掌心，右手大拇指与中指握杯沿两侧，食指屈伸按住盖钮下凹处，呈“三龙护鼎”状，无名指与小指可呈兰花指状；或双手大拇指、食指与中指持盖碗杯托两侧将盖碗端起，无名指与小指可呈兰花指状，见图 2. 2. 8。男士右手掌心向内下，虎口撑开，大拇指与中指持杯沿，食指按盖钮，左手呈半握拳状扣在桌沿。

图 2. 2. 8　盖碗

(6)无把盅。

①无盖：右手大拇指与食指、中指握盅沿，其他手指自然弯曲，见图 2. 2. 9。

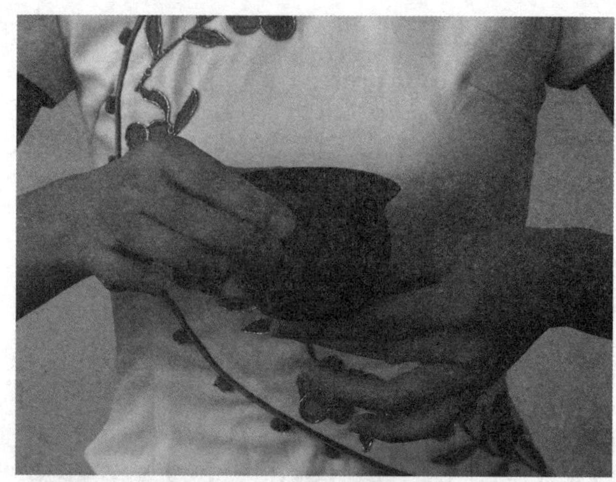

图 2.2.9　无把盅(无盖)

②有盖：右手大拇指与中指握盅沿，食指按盅钮，其他手指自然弯曲，见图 2.2.10。

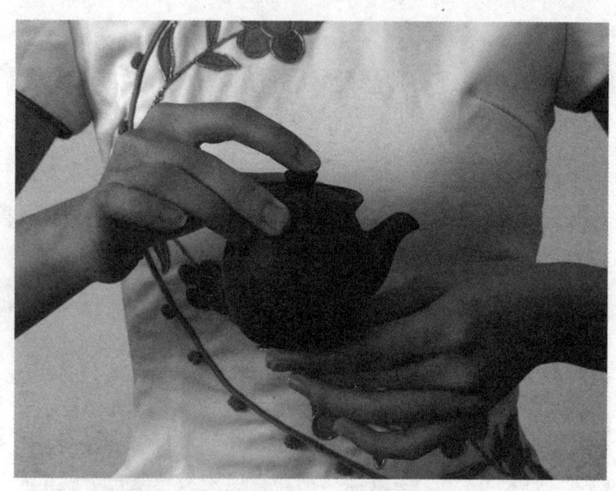

图 2.2.10　无把盅(有盖)

③有耳：右手大拇指与食指、中指握盅耳，其他手指自然弯曲。

(7)有把盅。

①右手大拇指与食指捏住盅把，中指轻靠盅把，其他手指自然弯曲，见图 2.2.11。

②右手食指勾盅把，大拇指按住盅把外侧上方，中指抵住盅把外侧下方，其他手指自然弯曲。

(8)茶荷。左手虎口撑开，大拇指、食指与中指握住茶荷外壁，其他手指自然弯曲，见图 2.2.12。

(9)茶漏。右手虎口撑开，大拇指、食指与中指持茶漏外沿，其他手指自然弯曲，见图 2.2.13。

图 2. 2. 11 有把盅

图 2. 2. 12 茶荷

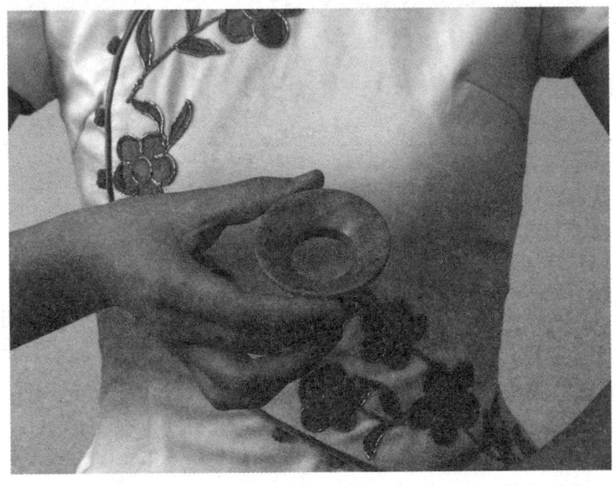

图 2. 2. 13 茶漏

(10) 茶则。右手大拇指、食指与中指持茶则 1/3 处，其他手指自然弯曲，见图 2. 2. 14。

图 2. 2. 14　茶则

(11) 茶夹。右手大拇指、食指与中指持茶夹 2/3 处，其他手指自然弯曲，见图 2. 2. 15。

图 2. 2. 15　茶夹

(12) 茶匙。右手大拇指、食指与中指持茶匙 1/2 处，其他手指自然弯曲，见图 2. 2. 16。

(13) 茶针。右手大拇指、食指与中指持茶针 1/3 处，其他手指自然弯曲，见图 2. 2. 17。

(14) 茶滤。右手大拇指、食指与中指捏住滤柄，其他手指自然弯曲，见图 2. 2. 18。

图 2. 2. 16 茶匙

图 2. 2. 17 茶针

图 2. 2. 18 茶滤

(15)杯托。双手虎口撑开，掌心向下，用大拇指、食指与中指持杯托两端，见图 2. 2. 19。

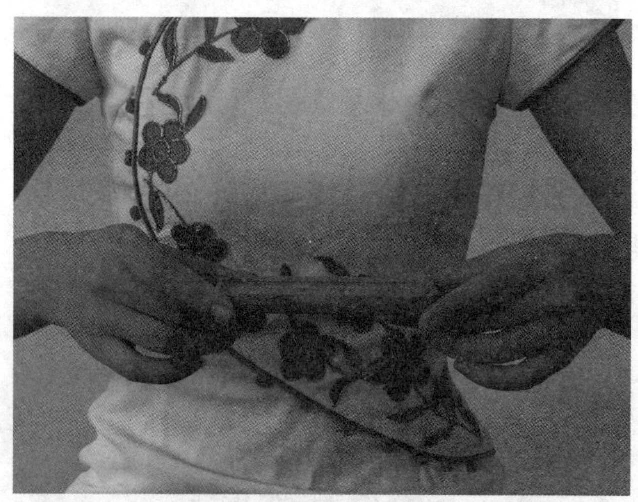

图 2. 2. 19 杯托

(16)水盂。双手捧取，见图 2. 2. 20。

图 2. 2. 20 水盂

(17)奉茶盘。双手端取，即两手中指托盘底，食指轻靠盘沿，大拇指按盘沿上方端起奉茶盘，见图 2. 2. 21。

(18)茶叶罐。双手掌心相对捧取，见图 2. 2. 22。打开茶罐盖时，可用左手大拇指、食指与中指握住茶罐，右手大拇指与中指握盖沿，食指抵住上方揭盖。

图 2. 2. 21　奉茶盘

图 2. 2. 22　茶叶罐

4. 翻杯手法

(1)无柄杯。右手反手握茶杯的左侧基部，左手位于右手手腕下方，用大拇指轻托在茶杯的右侧基部；双手翻杯成手相对捧住茶杯，轻轻放下。对于较小的品茗杯，可用单手动作左右同时翻杯，即手心向下，用大拇指、食指与中指三指扣住茶杯外壁，向内转动手腕成手心向上，轻轻放下，见图 2. 2. 23、图 2. 2. 24。

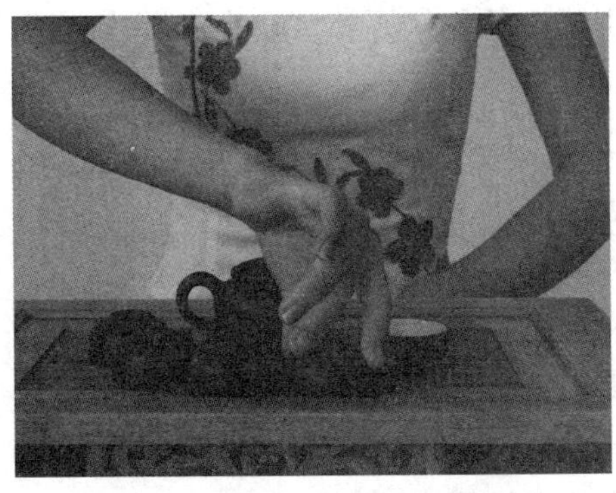

图 2. 2. 23　无柄杯(单手)

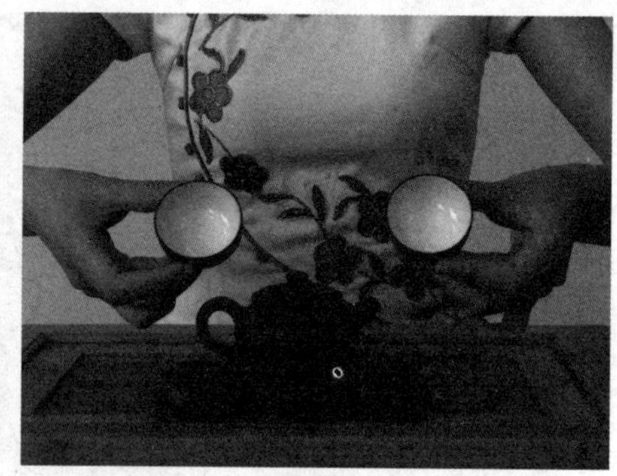

图 2.2.24　无柄杯(双手)

(2)有柄杯。右手反手，用大拇指、食指与中指三指捏住杯柄；左手手背朝上，用大拇指、食指与中指轻扶茶杯右侧基部；双手同时向内转动手腕，茶杯翻好后轻轻放下。

5. 温具手法

(1)温壶法。将汤壶的沸水逆时针往壶盖淋一圈，汤壶复位；用右手大拇指、食指与中指捏住壶钮，无名指与小指稍弯曲，逆时针方向将壶盖依弧形轨迹放至右边的盖置(或茶盘)上。

右手提汤壶，按逆时针方向低斟，使水流顺茶壶口冲入，再提腕使汤壶的水从高处冲入茶壶，待注水量为茶壶约 1/2 时再压腕低斟，回转手腕及时断水，轻轻放下。

将壶盖依弧形轨迹盖回。

右手持壶，左手轻护壶底，双手协调按逆时针方向转动手腕，如滚球式动作进行摇壶，让茶壶壶身内壁充分接触沸水。若觉壶身烫手，可垫茶巾。

将水弃入水盂(或茶盅、盖碗、品茗杯等)。

(2)温盅、温滤网法。将滤网放入盅内，注汤水；左手拿起滤网，右手持茶盅，做逆时针转动，使沸水均匀烫到茶盅的各个部位；持茶盅先烫洗滤网后，将茶盅剩余的沸水依次倒入闻香杯或品茗杯中。

(3)温杯法。

①温玻璃杯，有三种方式：

第一种：将杯呈一字或弧形排放，右手提汤壶从左侧开始，使水流沿杯内壁冲入，依次逆时针绕杯沿一圈，约至杯之 1/3 容量时断水，汤壶复位；右手大拇指、食指与中指握住杯的 1/3 处，左手大拇指、食指与中指轻托杯底，直接将水弃入水盂。

第二种：将杯呈一字或弧形排放，右手提汤壶从左侧开始往杯中注水至杯的 1/4 时断水，汤壶复位；右手大拇指、食指与中指握住杯的 1/3 处，左手大拇指与食指、中指轻托杯底；左手转动玻璃杯一圈后，将水弃入水盂。

第三种：将杯呈一字或弧形排放，右手提汤壶从左侧开始往杯中注水至杯的 1/4 时断水，汤壶复位；右手大拇指、食指与中指握住杯的 1/3 处，左手大拇指、食指与中指轻托杯的底部，逆时针转动杯子一圈，使杯中的水均匀地烫洗内壁后，将水弃入水盂。

②温闻香杯，有两种方式：

第一种：双手虎口撑开，大拇指、食指与中指持闻香杯中部，用双手内旋方式进行摇杯，使沸水均匀烫洗杯内壁；将闻香杯中温杯的水依次倒入各品茗杯中，并将其倒扣在品茗杯中向左倾斜。

第二种：双手大拇指、食指与中指持闻香杯底部 1/3 处，无名指与小指自然弯曲，采用双手回旋法，左手顺时针、右手逆时针转动杯子，温毕，将水依次倒入各品茗杯中。

③温品茗杯，有四种方式：

第一种：翻杯时将品茗杯相连呈一字或弧形摆开，右手提汤壶，用往返斟水法向各品茗杯内注水至七分满(亦可用温茶壶、盖碗、茶盅的水)，汤壶复位；用右手大拇指与食指握住杯口两侧，中指托底沿，采用杯扣杯洗法，将杯侧立浸入邻近一只杯中，用食指轻拨杯身，使杯子向内旋转三周，均匀受热，洁净杯子；最后一只杯子在手中轻荡数下后将水弃入水盂。

第二种：翻杯时将品茗杯相连呈一字或弧形摆开，右手提汤壶，用往返斟水法向各品茗杯内注水至七分满(亦可用温茶壶、盖碗、茶盅的水)，汤壶复位；双手大拇指与食指握住杯口两侧，中指托底沿，用双手内旋方式进行摇杯，使沸水均匀烫洗茶杯内壁；将水弃入水盂。

第三种：翻杯时将品茗杯相连呈一字或弧形摆开，右手提汤壶，用往返斟水法向各品茗杯内注水至七分满(亦可用温茶壶、盖碗、茶盅的水)，汤壶复位；采用杯扣杯洗法，右手持茶夹轻轻夹住杯子，通过一紧一松滚动杯子，依次烫洗；用茶夹夹住最后一只杯子，逆时针轻摇一下后，将水弃入水盂。

第四种：将茶船或水盂等盛器注入沸水，用茶夹逐一夹住品茗杯至盛器中温洗后取出。

(4)温盖碗法。

①针拨法：将盖碗的盖反转，盖钮朝下置于盖碗上，靠近身体一侧处略低，并留有一小缝隙；提汤壶逆时针向盖碗内注水至 1/3 容量时使壶断水，汤壶复位；右手取茶针，左手手背朝外护在盖碗外侧，手掌轻靠碗沿；右手用茶针由内向外拨动碗盖使之翻转，左手用大拇指、食指与中指随即将盖正盖在盖碗上；右手大拇指与中指搭在盖碗沿外两侧，食指抵住盖钮下凹处，左手托住碗底，端起盖碗；右手手腕呈逆时针转动，使盖碗内壁充分烫洗；右手提盖钮将碗盖靠右侧斜盖，使盖碗左侧留出一小缝隙；端起盖碗平移至水盂上方后向左侧翻手腕，将水从盖碗左侧缝隙弃入水盂。

②左手大拇指、食指与中指捏住盖钮，打开碗盖，右手提汤壶将沸水冲入盖碗，汤壶复位；左手将碗盖侧立，中指抵住碗盖凹处，大拇指轻贴盖沿，轻轻拨动碗盖，使之各部位得到沸水烫洗；右手大拇指、食指与中指拿起碗身，平移至水盂上方，用碗内沸水再次烫洗盖的内侧。

6. 注水手法

一壶好茶，离不了好的茶叶、好的茶具和好的泡茶之水。除此之外，泡茶时水的注入方式对茶汤的品质亦有着很大的影响。诸如注水的快慢、水流的急缓、水线的走势、水线的高低、水线的粗细都对茶叶品质影响很大。

(1)注水的快慢。注水速度的快慢主要影响到茶品浸泡过程中水温的高低，同时也控制到水流的急缓；因此，直接影响到茶汤滋味的浓淡以及汤感和香气的协调性。

(2)水流的急缓。水流的急缓主要影响到茶汤滋味、香气和汤感之间的协调关系。急的水流可使茶叶快速旋动，茶和水的接触在相对高温下浸出，融合度高；由于和空气摩擦程度增加，所以茶的香气高扬，但茶汤的厚度和软度相应会下降。缓慢的水流令茶叶保持相对静止，接触水的茶底缓慢溶出，在出汤的时候再一次在较低温度下融合，使茶汤的厚度和软度上升，层次感加强，但茶汤的香气同时下降。

(3)水线的走势。水线的走势主要关系到茶底和水流的动静比例以及茶底接触水的均匀程度，有以下几种现象：

①螺旋形注水：以螺旋形的方式注水，其水线会使盖碗的边缘部分以及面上的茶底都能直接接触到注入的水，可令茶水在注水的第一时间融合度增加。这种注水方式适合冲泡红茶、绿茶和白茶。

②环圈注水：环圈注水就是指注水时水线沿壶盖或者杯面旋满一周，收水时正好回归出水点。这种方式需要一定的技巧，比如在注水时要注意根据注水速度调整旋转的速度，如果水柱细就慢旋，如果水柱粗就快旋。这样的注水方式，可使茶的边缘部分在第一时间接触到水，而面上中间部分的茶则主要靠水位上涨后才能接触到水；如此一来，茶水在注水的第一时间融合度就没那么高。这种注水方式适合嫩度比较高的绿茶。

③单边定点注水：单边定点注水，即指注水点固定在一个地方。这样，可让茶仅有一边能够接触到水，那么茶水在注水开始时融合度就较差；如果注水点放在盖碗壁上，须将注水点放在盖碗和茶底之间，融合会更好些。这种注水方式适合需要出汤很快的茶，或者碎茶。

④正中定点注水：正中定点注水是一种比较极端的方式，通常和较细的水线、长时间的缓慢注水方式搭配使用。这样注水，使茶底只有中间的一小部分能够和水线直接接触，其他则统统在一种极其缓慢的节奏下溶出，让茶和水在注水的第一时间的融合度最小，茶汤的层次感也最明显。这种注水方式适合香气比较高的茶。

(4)水线的高低。水线的高低主要关系到两个问题，一是水在冲泡过程中的降温作用；二是在冲泡过程中水线的高低起伏令注水过程中茶和水的动静得到起伏，水线的高低起伏常常被用来做冲泡时的微调。

(5)水线的粗细。水线的粗细主要关系到注水过程中水的流速，除了跟水的动静有关外，也跟注水的时间和速度相关；同样，水线的粗细也是泡茶者常用的微调手段。

7. 出汤处理

(1)出汤方式。出汤快速，茶汤的融合度越好，香气越高。出汤缓慢，主要对前期浸泡相对静态的茶水融合度差的茶汤有融合调节作用；出汤越是缓慢均匀，茶汤在出汤时的融合就越有层次，而且相对融合度越低，其汤感也越软。

(2)出汤后残留的茶汤。出汤后残留的茶汤会使下一次的冲泡整体温度降低，导致香气下降，苦涩味较相同浓度的茶汤有所减低，汤感的黏稠度和厚度则会有所提升，并且使相邻两泡之间的感觉更加接近，令茶汤的口感更加稳定。出汤后残留茶汤的做法被称为“留根法”，常常被用来泡那些有异杂味的茶。

四、基本流程

茶的泡饮必须注重理趣并存的流程，要达到形神兼备。茶的基本泡饮流程为：布具、择水、煮水、备茶、温具、置茶、润茶、冲泡、分茶、奉茶、品茗、续水续品、收具。

1. 布具

茶在泡饮前首先要确定泡茶的器具，茶具的选择要根据泡茶场合、品茗人数以及茶叶的品种来定。茶具的摆放要布局合理，实用、美观，注重层次感和线条的变化。摆放茶具的过程要有序，左右要平衡，尽量不要有遮挡。如果有遮挡，则要按由低到高的顺序摆放，将低矮的茶具放在客人视线的最前方。为了表达对客人的尊重，壶嘴不能对着客人，而茶具上的图案要正向客人，摆放整齐。茶具用品可参见本章第一节“茶艺器具”。

2. 择水

水的选择对整个茶的泡饮之重要作用，前面已有表述，请参见本节之一“茶之用水”。“水为茶之母”，不仅因为水融入茶的芳香甘醇，更融入茶道的精神内涵、文化底蕴和审美理念。故此，烹茶鉴水也就成为中国茶道的一大特色。

3. 煮水

对泡茶煮水的要求，请参见本节之“把控汤火”。

4. 备茶

茶艺表演中茶品的准备，首先要根据作品表现内容的需求，选用合适的茶品。其次如果表演时还需要奉茶于观众品尝，那么以茶待客就要选用好茶。选用好茶应注意两个方面：一是要根据客人的喜好来选择茶叶的品种，并根据客人口味的浓淡调整茶汤的浓度。待客时，通过事先的了解或现场的沟通把握对方喜好，亦可根据客人的不同情况，有选择地推荐茶叶。二是要以品质好的茶来待客。即根据已确定好的茶品，通过人的视觉、嗅觉、味觉和触觉来评审茶的外形、色泽、香气、滋味、汤色和叶底，判断、选择品质最优的茶叶奉献给客人。

为了增添饮茶情趣，亦可根据不同的季节选择适时茶品。如：春季万物复苏，花茶香气浓郁，充满春天的气息，可推荐品饮花茶。夏天气候炎热，可推荐品饮绿茶以消暑止渴。秋季秋高气爽，乌龙茶不寒不温，介于红茶与绿茶之间，香气迷人，又助消化，可推荐品饮乌龙茶。冬季天气寒冷，红茶味甘性温，能驱走寒气，且有暖胃功能，可推荐品饮红茶；同时，红茶包容性强，可作调饮，充满浪漫气息。备茶择茶期间，可将茶叶的产地、品质特色、名茶文化及冲泡要点对客人进行介绍，以便客人能更好地赏茶、品茶。

5. 温具

温具的目的是提高茶具的温度，以利展现茶性，泡出好茶。同时，温具能使茶具更显亮洁卫生，也有益于观赏茶的外形之美。具体手法请参见本节之常用手法五“温具手法”。

6. 置茶

将一定数量的干茶叶投入冲泡器具，以备冲泡。

(1)茶荷投入法。右手打开茶叶罐盖放置茶桌上，左手握住茶叶罐，右手取茶匙(或茶则)，舀取茶叶，将茶叶取出后，将茶匙(或茶则)放回茶道组，茶叶罐复位；双手端起茶荷观色、闻香并请嘉宾鉴赏(可同时介绍茶名及品质特征)；左手端茶荷，右手取茶匙，将茶叶拨入主泡器中，见图 2. 2. 25。

图 2. 2. 25　茶荷投入法

(2)茶则投入法。右手打开茶叶罐盖放置茶桌上，左手握住茶叶罐，右手取茶则，舀取茶叶，将茶叶取出后直接投入(或用茶匙拨入)主泡器中，见图 2. 2. 26。

图 2. 2. 26　茶则投入法

（3）三投法。“三投法”在明代张源《茶录》中就有记载，“春秋中投、夏上投、冬下投”，这是根据天气寒冷程度不同而确定的三种投茶法。当代人们为使茶叶的色香味更好地展现，根据不同绿茶茶品的外形、质地、比重、品质以及成分浸出率的差异，创造性地将明代在陶瓷壶中的三种投茶法应用到玻璃杯冲泡法上。具体如下：

①下投法：待开水凉至85℃左右，往玻璃杯中投入适量茶叶，注入杯子容量约1/3的开水；用右手大拇指与食指、中指握住杯的1/3处，左手大拇指与食指、中指轻托杯的底部，逆时针转动杯子一圈，经浸润泡、摇香流程后，采用凤凰三点头的方法再向玻璃杯中注入开水，至杯的七分满，待茶味浸出后即可品饮。这种方法主要用来冲泡外形比较扁平的绿茶，如西湖龙井、黄山毛峰、六安瓜片、太平猴魁等。具体见图2.2.27至图2.2.30。

图2.2.27　下投法——置茶

图2.2.28　下投法——润茶

图 2. 2. 29　下投法——摇香

图 2. 2. 30　下投法——注水

②中投法：待开水凉至 80℃左右，往玻璃杯中注入开水至杯容量约 1/3 处，取适量茶叶投于杯中，经摇香、浸泡，待干茶吸收水分舒展时，再采用凤凰三点头的方法，往玻璃杯中注水至七分满，待茶味浸出后即可品饮。这种方法主要用来冲泡一些外形为针形的绿茶和黄茶，如霍山黄芽、浮瑶仙芝、庐山云雾、婺源丫玉、君山银针、南京雨花茶等。具体见图 2. 2. 31 至图 2. 2. 34。

③上投法：待开水凉至 75℃左右，往玻璃杯中注入开水至杯容量的七分满，取适量茶叶从水面上徐徐投入，浸泡片刻，待茶叶展开，茶味浸出即可品饮。这种方法主要用来冲泡一些芽叶细嫩、条索紧结重实、香味成分高的卷曲茶，如碧螺春、信阳毛尖等。投到水面上的茶芽吸水后缓缓下沉，似春花曼舞，瞬间满目飞翠。具体见图 2. 2. 35、图 2. 2. 36。

图 2.2.31　中投法——注水

图 2.2.32　中投法——置茶

图 2.2.33　中投法——摇香

图 2. 2. 34　中投法——注水 2

图 2. 2. 35　上投法——注水

图 2. 2. 36　上投法——置茶

（4）注意事项。

①放置茶叶至茶壶时，如壶口较小，可使用茶匙通过茶漏将茶荷或茶则里的茶叶拨入壶中；掉落的茶叶不可再拾起放入主泡器中。

②置茶时，一般不要直接用手抓取茶叶（编创作品中有特定的需求除外）。因为从品茶赏茶角度而言，用手抓取茶叶破坏了优雅的品茗意境；从卫生角度来说，会使茶叶沾染不纯气味或不洁尘垢，影响茶的味道和成色，改变茶叶干燥环境，加快茶叶变质。

③置茶要适量：可根据客人饮茶习惯、对茶香味、浓度的要求不同来确定置茶量；也可根据主泡器容水量的大小确定置茶量。

7. 润茶

亦称醒茶、浸润泡、温润泡、洗茶等，方法是将茶壶或茶杯温热并放入茶叶后，用温度适宜的汤水注入，待茶叶浸润后，迅速将壶或杯中的茶水弃净。润茶，一是可提高茶叶温度，让茶叶舒展开，凝聚茶香，提高茶汤的质量；二是利于品饮者欣赏茶叶的“汤前香”，亦可鉴别茶叶品质的优劣。

8. 冲泡

在茶的冲泡过程中，身体要保持良好的姿态，头正身直、目不斜视、双肩齐平、抬臂沉肘、神与意合、心无旁骛。

（1）冲泡手法。茶的冲泡，一般采用“高冲低斟”之原则，高冲与低斟是指泡茶中冲茶和斟茶的两道动作程序。

所谓“高冲”，是以右手提汤壶靠近茶壶口（杯、盖碗口）注水时，随即提腕将汤壶升高，沸水借着冲力沿茶壶口（杯、盖碗口）内壁冲入，使茶在壶（杯、盖碗）中上下翻动旋转，茶沫上扬，不仅美观，也让茶叶湿润均匀，茶味更香。

①单手回转冲泡法：右手提汤壶，手腕逆时针回转，提腕后再压腕低斟断流收水，让水流沿茶壶口（杯、盖碗口）内壁冲入壶（杯、盖碗）内。

②双手回转冲泡法：左手食指与中指轻榕在壶钮，右手提壶，手腕逆时针回转，提腕后再压腕低斟断流收水，让水流沿茶壶口（杯、盖碗口）内壁冲入壶（杯、盖碗）内。

③凤凰三点头冲泡法：用手提汤壶反复高冲三次，寓意向客人三鞠躬以示欢迎。右手提汤壶，靠近玻璃杯口（茶壶、盖碗口）注水时，随即提腕将汤壶升高，使沸水借着冲力沿玻璃杯口（茶壶、盖碗口）内壁冲入，接着压腕降低汤壶位置，使之靠近玻璃杯（茶壶、盖碗）继续注水，如此反复三次，之间不可断流，待达到注入所需的水量时即提腕断流收水。使用双手时，将左手食指与中指轻搭在壶钮，其他同上。凤凰三点头冲泡法最适用于绿茶玻璃杯冲泡。

④回转高冲低斟法：常用于壶泡法。先用单手回转法，右手提汤壶注水，让水流先从茶壶壶肩开始，逆时针绕圈至壶口、壶心，提高水壶让水流在茶壶口内旋转注入，至七分满时压腕低斟（仍同单手回转法）；水满后即提腕断流收水。淋壶也用此法，水流从茶壶壶肩→壶盖→盖纽，逆时针打圈浇淋。

⑤45 度冲泡法：右手提汤壶，提腕对准茶壶（盖碗）口内壁 45 度冲入茶壶（盖碗）后即断流收水。此法多为男士采用。

当然，有些茶对冲泡有其特定要求，可采用其他手法。

所谓“低斟”，是指茶样经冲泡后，要适时进行分茶，亦称斟茶。冲水时可悬壶高冲，但在将茶汤斟出时，茶壶(茶盅、盖碗)一定要尽量靠近品茗杯，一般以略高于杯沿为度，以防止热气四散，保持茶汤的温度和香气。俗话说：“茶倒七分满，留下三分是情分。”因此，分茶时不可斟太满，七分杯的茶较为好端，不易烫手。

(2)茶水比。冲泡茶叶时，用茶量与用水量的比例称为茶水比。茶水比越大，用水量越少；茶水比越小，用水量就越多。茶水比要根据不同的个人嗜好、不同的茶叶种类以及不同的饮茶时间进行适当的调节。

一般情况下，冲泡绿茶、红茶、白茶、黄茶、花茶和普洱茶等的茶水比约为1∶50(即放3g的茶叶，就要冲泡150ml的水)；冲泡乌龙茶等对茶汤香味、浓度要求较高的茶叶，茶水比约为1∶20。在口感上，如果喜欢品饮比较浓一点的，茶水比就要大些；如果喜饮品饮比较淡一点的，茶水比则需小些。在品饮时间上，如果是饭后或者酒后饮茶，茶水比可大些；如在临睡前饮茶，则应品饮淡茶，茶水比可小些。

(3)浸泡时间。当茶水比和水温已明确时，浸泡时间则成茶叶冲泡的关键点。浸泡时间短，茶汤滋味显淡；浸泡时间长，茶汤滋味会显得浓、闷和浊。

冲泡绿茶和红茶时，由于其茶水比小，可浸泡2~3分钟；而红碎茶和绿碎茶因经过揉切，颗粒较为细小，茶中成分容易浸出，因此浸泡1~2分钟即可，如将其作为调饮茶，在茶中加糖和奶后，可再浸泡3分钟。乌龙茶在冲泡时已经过温润泡醒茶，且茶水比较大，故第一道茶可浸泡20秒，第二道要短些浸泡15秒，为不使茶汤先浓后淡，第三道后浸泡时间可依次递增，即第三道25秒，第四道40秒。普洱茶紧压茶一般在润茶时就经过两遍温润泡(第一遍20~30秒，第二遍快进快出)，因此浸泡时间不宜长，一般为即冲即出，由于普洱茶相对耐泡，五道之后浸泡时间可依次递增。

9. 分茶(斟茶)

人们常说：“茶倒七分满，留下三分是人情。”热茶烫手，如果在分茶时，将杯里的茶水斟满，容易烫着客人或将茶水洒到桌子及衣物上。再者，品茶时，不仅要品茶汤，还要赏汤色、嗅茶香；七分的汤量使茶水面与品茗杯口留有一定空间，茶水的清沁芳香就不易散失，便于汤色和茶香的品鉴。茶水倒得七分满，留得三分人情在；七分，也是对生活的一种分寸上的把握，行事把握分寸，说话留有余地，待人宽容之心，处世淡泊从容。

10. 奉茶

由于我国南北待客礼俗有别，因此可不拘一格。常用的奉茶方法一般是将茶杯置于杯垫上以托盘端出，将托盘轻放在桌子上，双手端杯垫两侧，从客人右方或正面奉上，眼睛注视客人，面带微笑，以右手的伸掌礼表示请用。伸掌手势为四指并拢，虎口分开，手掌侧斜略向内凹，同时欠身点头(亦可加以“请用茶”等用语)，动作要一气呵成。在奉有柄杯时，要留意将杯柄放置在客人的右手面，以利于客人用右手取饮。奉茶顺序一般为先长后幼、先客后主、先女后男；茶艺表演奉茶除特定安排外，亦可按逆时针方向依次上茶。

11. 品茗

品茗一般包含观色、闻香、品味三个过程。

(1)观色。茶汤色泽因茶而异，以眼端详茶汤，细观其色，见图 2. 2. 37。

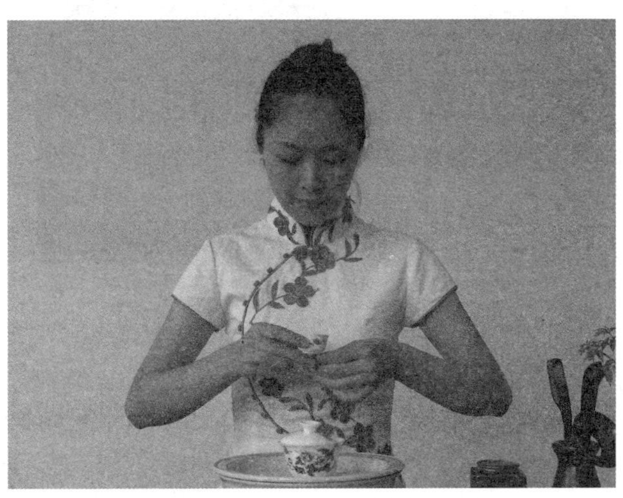

图 2. 2. 37 观色

(2)闻香。以右手大拇指与食指握住品茗杯口两侧，中指托杯底将杯端至鼻前(或以右手大拇指与中指持杯盖，食指抵盖顶)，用鼻轻吸，闻其香，见图 2. 2. 38。

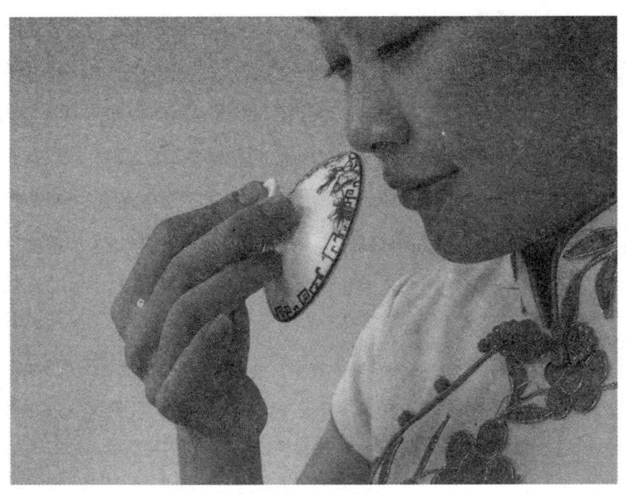

图 2. 2. 38 闻香

(3)品味。使茶汤从舌尖到舌两侧再到舌根，以感受不同茶的韵和味。通过品茶，不但令人神清气爽，心旷神怡，而且在达到精神享受的同时，增进茶友之间的感情，见图 2. 2. 39。

图 2.2.39　品味

12. 续水续品

一般的茶叶以冲泡三道为宜。因为根据国家《茶—水浸出物测定》，第一道茶汤里含有 50%的水浸出物(即沸水从茶叶中萃取的可溶性物质)，第二道茶汤含有 30%，第三道茶汤含有 10%，到第四道时仅存有 1%~3%了。

绿茶、黄茶一般以杯泡法冲饮，冲第一道茶时可引导客人欣赏“杯中茶舞”，品味鲜嫩的茶香和鲜爽的茶味，待饮至尚余 1/3 杯时，即及时续水至七分满；品第二道茶是滋味最浓醇的时候，可引导客人体会齿颊留香、满口回甘的妙趣，第二道茶可等饮剩小半杯时即再续水；到第三道茶后茶味基本已失，这时可佐以茶点，以增茶兴。故著名女作家三毛将此戏称为“第一遍苦如生命”、“第二遍甜如爱情”、第三遍“淡似微风”。乌龙茶、红茶和黑茶一般采用壶泡法，用壶冲泡后出汤至茶盅，再斟于品茗杯中品饮，待茶饮尽，循环再续。冲泡花茶、白茶时，若采用杯泡或盖碗泡，则似绿茶续水法；若采用壶泡，则似乌龙茶续茶法。

13. 收具

茶艺结束后要及时收拾茶具，清理场所。茶具要清洗干净，不能留有茶渍、污渍，要对茶具进行消毒处理，并整理收好；茶渣要倒入垃圾桶中，切不可往水池里倒，桌面、地面的水渍要擦洗干净。

第三节　身形基础

一、基本礼仪

礼仪是在人际交往中进行相互沟通的技巧，是以一定的、约定俗成的程序方式，所表现出律己敬人的手段和过程的一种艺术性礼节，是一个人内在修养和素质的外在表现。在茶艺表演中主要体现在表演者的进出场和敬奉茶等方面的表情与形体动作。

1. 注目礼和点头(致意)礼

注目礼是用眼睛专注地看一下对方，稍加停顿。点头礼即点头致意。这两个礼节一般在奉茶或奉上某物品时一并使用。

2. 伸掌礼

行伸掌礼时，右手虎口稍稍分开，四个手指自然并拢略弯曲，手心向上略侧，从胸前自然向右前伸。伸掌礼一般在向客人敬奉各种物品时使用。奉茶时，用托盘将冲泡好的茶端至客人面前，双手恭敬地奉给客人后行伸掌礼，同时面带微笑地行注目礼和点头礼，可同时说“请”或“请用茶”、“请品茶”等用语。奉茶时要注意将品茗杯正面对着接茶的一方，奉送有柄杯时注意要将杯柄放置在客人的右手边。

3. 鞠躬礼

鞠躬礼即弯腰行礼，分为站式、坐式和跪式三种；一般在茶艺表演后或表演前使用。

(1)站式鞠躬。站式行礼时，女士的手指微弯，双手下垂搭放在腹前；男士手指伸直，双手自然下垂，贴放于身体两侧裤线处；然后上身前倾弯腰，下弯幅度一般为60度，特殊情况可作90度大鞠躬；弯腰到位后略作停顿，再慢慢直起上身，同时手位上提恢复到原来站姿。

(2)坐式鞠躬。坐式行礼时，应将双手放在双膝前面，指尖不要朝正前方；以坐姿为准备，弯腰后恢复坐姿，其他要求同站式鞠躬。

(3)跪式鞠躬。多见于日韩式茶道。日本鞠躬礼仪根据鞠躬的弯腰程度分为“真礼”、“行礼”、“草礼”三种。跪式行礼时，“真礼”以跪坐姿式为预备，背颈部保持平直，上半身向前倾斜，同时双手从膝上渐渐滑下，全手掌着地，两手指尖斜向相对；身体倾至与地面约呈45度，即胸部与膝间约留一个拳头的空隙时，略作停顿，再慢慢直起上身；“行礼”方法与“真礼”相似，但两手仅前半掌着地，身体约呈55度前倾；行“草礼”时仅两手手指着地，身体约呈65度前倾。

4. 寓意礼

寓意礼是在长期的茶事活动中所形成的一些寓意美好、祝福的礼仪动作，常见的有以下几种：

(1)凤凰三点头。手提汤壶往茶壶或茶杯(碗)高冲低斟反复三次，寓意为向来宾三鞠躬以示欢迎。

(2)回旋注水。在进行温具、冲泡等动作时，作回旋注水，类似打招呼手势。用右手注水时按逆时针方向回旋注水，用左手时则按顺时针方向，这都是向里招呼的意思，寓意“来、来、来”，表示欢迎；反之则变成向外挥手，暗示“去、去、去”。

(3)茶壶放置。放置茶壶时，壶嘴不能正对他人；否则，表示请人赶快离开。

(4)斟茶量。俗话说，“茶满欺客”。斟茶时，不可将品茗杯斟满茶水，茶满烫手，不便持杯啜饮；一般斟茶，斟至七分杯即可，寓意“七分茶三分情”。

二、基本姿势

1. 行姿

行姿即表演者在行走时所采取的姿势。稳健优美的行姿给人动态的美，体现出独特的气质，给人留下美好的印象。茶艺表演的行走主要体现在进出场和奉茶环节。

行走时，要求表演者神态自如，筋脉放松，调息静气，身体要求平稳、挺拔，双肩平正，不要左右摇摆晃动；脚步的幅度不宜过大，要跟随着音乐节奏，有鲜明的律动感。女士要收腹挺胸，下颌微收，不要塌腰撅臀，双臂自然摆动，或双手虎口交握，置于上腹，步伐轻盈，尽量体现柔和、含蓄、大方、典雅的风格；男士要保持后背平整，步伐稳健，摆臂自然，充满自信。

走直角线转向时，两脚先并拢，如要向右转向，就微翘起右脚尖，以右脚跟着地为轴向右作 90 度转向，左脚紧随与右脚并拢，而后再继续向前行走；如要向左转向，就微翘起左脚尖，以左脚跟着地为轴向左作 90 度转向，右脚紧随与左脚并拢，而后再继续向前行走。

2. 入座

表演者出场行至茶席前，行礼后需入座。入座动作要轻、缓、紧，即入座时要轻稳。到座位前时自然转身，后退，再轻稳地坐下；落座时声音要轻，动作要协调柔和。女士穿裙装落座时，应将裙向前收拢一下再坐下；起立时，右脚抽后收半步，而后站起。

3. 冲泡姿势

(1)坐式。坐式冲泡是指坐在茶席前的椅凳上进行茶艺冲泡。坐于椅凳上时，不可全部坐满，只可坐占椅凳中央约 2/3 的部分；要全身放松，调匀呼吸，给人以端庄稳重、娴雅自如的印象。女士右手在上，双手虎口交握，置放胸前或面前桌沿；男士双手分开如肩宽，半握拳轻搭于前方桌沿。冲泡时，要保持头正肩平，肩部不能因为操作的动作而左右倾斜，需要向前或向旁倾时，也要保持身体的直立感觉，适当地使用身体的前冲和旁移，使身形具有律动的美感；面部表情要轻松、自然、愉悦。由于坐式冲泡时，座椅与茶席之间的距离不能随意调整，因此，在表演前要进行试坐，将座椅与茶席的距离预先调整到最佳的位置。

坐凳式腿部摆放的姿势，常见的有以下八种：

①正襟危坐式：为最基本的坐姿。具体为：上身与大腿之间，大腿与小腿之间，都形成 90 度直角，小腿垂直于地面，双膝双脚完全并拢。

②垂腿开膝式：多为男士采用。具体为：上身与大腿之间，大腿与小腿之间，亦成 90 度直角，小腿垂直地面，双膝分开，但不得超过肩宽。

③双腿叠放式：适合穿短裙的女士采用，造型优雅，有大方高贵之感。具体为：将双腿完全一上一下地交叠在一起；交叠后的两腿之间没有任何缝隙，犹如一条直线。双腿斜放于左右一侧，斜放后的腿部与地面呈 45 度夹角，叠放在上的脚尖垂向地面。

④双腿斜放式：适合穿裙子女士在就座位置较低时使用。具体为：双膝先并拢，然后双脚向左或向右斜放，力求使斜放后的腿部与地面呈45度角。

⑤双脚交叉式：适用于各种场合。具体为：双膝先并拢，然后双脚在踝部交叉；交叉后的双脚可以内收，也可以斜放，但不宜向前方远远直伸出去。

⑥双脚内收式：适合一般场合采用。具体为：大腿首先并拢，双膝略打开，两条小腿分开后向内侧屈回。

⑦前伸后屈式：适用女士的一种优美坐姿。具体为：大腿并紧之后，向前伸出一条腿，并将另一条腿屈后，两脚脚掌着地，双脚前后要保持在同一条直线上。

⑧大腿叠放式：多适用男性在非正式场合采用。具体为：两腿在大腿部分叠放在一起；叠放后，位于下方的腿垂直于地面，脚掌着地；位于上方腿的小腿向内收，同时脚尖向下。

（2）站式。站式冲泡增加了肢体语言的活动范围，可在多人表演形式中与他人交流时，更多地发挥肢体语言的变化。站时要求头要正，下颌微收，身体挺直，双肩放松，双脚并拢，双目平视前方，嘴微闭，面带笑容，呼吸自然，给人以精力充沛、气质高雅、庄重大方、礼貌亲切的印象。女士右手在上，双手虎口交握，置于腹前，双脚呈“V”字形，双膝和脚后跟要靠紧；男士左手在上，双手虎口交握置于小腹部，双脚张开与肩同宽，双手自然下垂。站式冲泡虽然在表演时可自如调整冲泡者与茶席的距离，但在准备茶席时，要根据表演者的身高事先调整好冲泡台的高度。以下介绍五种常用的站姿：

①肃立站姿：两脚并拢，两膝绷直并严，挺胸抬头，收腹立腰，双臂自然下垂，下颌微收，双目平视。

②体前交叉式：男士左脚向左横迈一小步，两脚展开，两脚尖与脚跟的距离相等，两脚之间距离小于肩宽为宜，双手在腹前交叉，右手大拇指与四指分开搭在左手腕部，身体重心放在两脚上，腰背挺直，注意不要挺腹或后仰；女士站成右丁字步，即两脚尖稍稍展开，右脚在前，将右脚跟靠于左脚内侧前端，腿绷直并严，腰背立直，两手在腹前交叉，右手握左手的手指部分，使左手四指不外露，左右手大拇指内收在手心处。这种站姿的特点是端正中略有自由，郑重中略有放松。

③体后交叉式：两脚跟并拢，两脚尖展开约60度，腿绷直，腰背直立，两手在身后交叉，右手搭左手腕部，两手心向上收。这种站姿略带威严，易产生距离感。

④体后单背式：站成左丁字步，即左脚跟靠于右脚内侧中间位置，使两脚尖展开成90度，身体重心放在两脚上，左手后背半握拳，右手自然下垂。另外也可站成右丁字步，即右脚跟靠于左脚内侧中间位置，使两脚尖展开90度，右手后背半握拳，左手自然下垂。这种站姿，多为男士使用，显得大方自然、洒脱。

⑤体前单屈臂式：右脚内侧贴于左脚跟处（呈丁字步），两脚尖展开90度，左手臂自然下垂，右臂肘关节屈，右前臂抬至中腹部，右手心向里，手指自然弯曲。另外也可以左脚内侧贴于右脚跟处（呈丁字步），两脚尖展开90度，右手臂自然下垂，左臂肘关节屈，左前臂抬至中腹部，左手心向里，手指自然弯曲，重心放在两脚上。

（3）跪式。跪式冲泡一般用于地面茶席的表演，古意浓浓；跪式可分为跪坐和盘腿坐两种。常见于日本茶道、韩国茶礼和无我茶会中使用，在日本称为“正坐”。

①跪坐：跪前，可预先放一块柔软的垫子；跪时，双膝跪于坐垫上，双脚背相搭着地，臀部坐在双脚上，腰要挺直，双肩放松，向下微收，舌抵上颚，双手搭放于前。女士双腿并拢，跪下后，左脚尖放在右脚尖上，自然落座，胳膊肘略弯，右手在上，双手稍握，贴于腰部，颈项挺直；男士双手放在大腿上，头部微微向上抬。

②盘腿坐：这种坐式一般只限于男士；坐时双腿向内屈伸相盘，屈膝放松，双手自如地放于双膝上。

跪式冲泡不便于身体移动，冲泡所需的器具物品都要在表演前放置到跪坐后双手能够握取到的范围以内。

4. 手势

手势一般指的是为表达人的思想或用以传达命令所进行的手的示意动作，本书中，手势指的是茶艺冲泡时手的姿势。

在茶艺展示过程中，茶的冲泡动作都是通过表演者的双手来完成的。因此，表演者手位的高低、速度的快慢、动作的轻重直接体现到手势所表现的美，也就是茶艺展示过程的美。每个动作从起始到结束都必须表述清楚，动作要有起伏，有虚实，但幅度又不宜过大；手臂运动要自然、柔和；运行线条以曲线为主，要显得圆活、连贯；运行过程要轻盈、流畅、富有律动感，不走多余的线路，不做多余的动作。在各种茶艺表演活动中，运用的各种手法十分丰富，其表现的手势动作也是多姿多彩。如在捧取器物时，将搭于胸前或前方桌沿的双手慢慢向两侧平移至肩宽，向前合抱欲取的物件，双手掌心相对捧住基部移至需放置的位置，轻轻放下后双手收回，再捧取第二件物品，直至动作完毕复位；在放下器物时要有一种恋恋不舍的感觉，给人一种优雅、含蓄、彬彬有礼的感觉；端物件时，双手手心向上，掌心下凹作“荷叶”状，平稳移动物件。在表演冲泡过程中，男士动作要简单有序，平稳深沉，不显做作，用右手冲泡时，左手呈半握拳状自然搁放在桌上；女士动作要圆润，流畅，优美娴熟，有曲线的起伏，给人以赏心悦目的感受。

1. 绿茶、红茶、黄茶、花茶的茶水比多少较为合适？
2. 盖碗又称“三才碗”，其中蕴含了什么道理？
3. 宋徽宗赵佶写有一部茶书，书名是什么？
4. 明代张大复是如何表述茶与水的关系的？
5. 常见的坐凳式腿部摆放姿势有哪几种？
6. 斟茶时，斟茶量应该如何把握？
7. 请做“凤凰三点头”冲泡练习。
8. 请做“温盖碗”练习。

第三章

当代基础茶艺

在中华民族的茶叶史上，不同的历史时期有不同的饮茶方式，经过了采鲜茗菜、作饼毛饮、碾末煮饮、煎茶点茶等历程，至明清时期，随着茶叶加工方式的变革，六大基本茶类创制齐全，饮茶方式亦随而改之为冲泡品饮。当代饮茶方式基本延续了明清时期的泡饮技艺，并以茶为主体进行分类，演化形成当代基础茶艺。这是茶界当前采用的最基本的茶艺表现形式，通常包括绿茶茶艺、红茶茶艺、乌龙茶茶艺、白茶茶艺、黄茶茶艺、黑茶茶艺以及花茶(再加工)茶艺等。由于当代基础茶艺的冲泡手法多以杯、盖碗和壶作为主泡器，因此学好使用这三类主泡器皿的冲泡技法是全面地学习和掌握当代泡茶技艺的基础。本章从杯泡法、盖碗泡法和壶泡法着手，将各类茶的冲泡融于这三种不同主泡器皿的冲泡技法之中。通过详细介绍这三种不同主泡器皿的冲泡技法，并举以不同示例，便于习茶者演练入门。

第一节　杯　泡　法

一、杯泡法的由来

杯泡法是指以较大的茶杯进行泡茶与品饮，主泡器为大杯冲泡的茶艺，主要是指玻璃杯。玻璃杯泡法是近代玻璃器皿盛行之后才产生的，以长江流域，特别是长江下游盛产龙井、碧螺春等著名绿茶的江浙地区最常采用。传统的玻璃杯冲泡技法较为简单，即将茶叶放入玻璃杯中，再冲入开水，便可品饮。20 世纪 90 年代，上海、杭州等地的茶人对传统玻璃杯冲泡法进行改良提高，根据各种名优绿茶的特点编制了各具特色的玻璃杯泡法。

二、杯泡法的特点

玻璃杯质地透明，光泽夺目，外形可塑性大。用玻璃杯泡茶，人们可以在品饮名茶的同时观赏茶汤的色泽，茶叶在杯中的翩跹起舞、自然舒展、上下沉浮，杯中轻雾缥缈、澄清透亮、芽叶朵朵、亭亭玉立，此即人们常说的“茶舞”，令人赏心悦目，在品饮之余，增添了几分情趣。

玻璃杯泡法主要用以冲泡名优绿茶、针形白茶、芽叶细嫩的黄茶等。玻璃杯冲泡法虽有诸多优点，但也尚存不足，如传热快、易烫手、易破碎等，故玻璃杯泡法虽然形式简单，但要想展示好并不容易，又因其质地透明，展示过程稍有瑕疵也易被看出，故更考验表演者的技艺。

三、玻璃杯泡法的要领

1. 茶水比

约为 1∶50，并根据品饮者的需求作适当调整。

2. 水温

玻璃杯泡法的水温控制十分讲究，水必须先烧开后再凉至所需温度。若水温过高，茶芽易被焖熟，泡出“熟汤味”；若水温过低，茶汁又不能充分浸出，则茶汤香薄味淡。冲泡的水温主要根据芽叶的嫩度来判断，越是名贵细嫩，泡茶时所用的水温应越低，如特级碧螺春宜用 75~80℃的开水冲泡，其他细嫩芽茶宜用 80~85℃的开水冲泡，一芽一叶的名优茶宜用 85~90℃的开水冲泡，中低档的茶叶宜用 95~100℃的开水冲泡。

3. 浸泡时间

第一泡以 3 分钟左右饮用为好，若想再饮，到杯中剩有 1/3 茶汤时要及时续水。如果续水不及时，第一泡喝到后面滋味就会过浓过苦，而第二泡的茶汤则寡淡无味。

4. 冲泡技巧

注水时应高悬壶、斜冲水，使水流紧贴玻璃杯内壁斜冲而下，在杯中形成漩涡，充分激荡茶叶，便于茶叶内含物质的浸出。

四、玻璃杯泡法基本流程

玻璃杯泡法主要流程为（以下投法为例）：备具—备水—翻杯—赏茶—温杯—置茶—润茶—摇香—冲泡—奉茶—品赏—收具。

上投法与中投法的流程可适情作出调整。

1. 备具①

茶盘、玻璃杯 3、玻璃杯托 3、茶荷、烧水炉组、水盂、茶巾、茶巾盘、茶叶罐（含所需茶品）、茶道组、奉茶盘等。

将所准备的茶具器皿，摆放至合适的位置以便茶艺冲泡。将玻璃杯放置在茶盘上，可呈一字形（斜或横）、品字形、圆弧形等，将烧水炉组、水盂等湿器放置在泡茶台的右边，烧水炉组放在右上，水盂放在右下；将茶叶罐、茶道组和茶荷依次放在泡茶台的左边，茶巾、茶巾盘放在泡茶者的右手位。

2. 备水

选用山泉水或矿泉水等，水烧开待其自然冷却至 80℃左右备用。

3. 翻杯

按从左到右顺序，右手反手握茶杯的左侧基部，左手位于右手手腕下方，用大拇指轻托在茶杯的右侧基部；双手翻杯成手相对捧住茶杯，轻轻放下，见图 3.1.1。

---

① 所备器具后面没标数据者均表示为 1 件，超过 1 件者以具体数据表示其件数；后同。

图 3. 1. 1　翻杯

4. 赏茶

用茶匙将茶叶罐中的茶叶适量拨入茶荷中，双手将茶荷奉给来宾欣赏干茶外形、色泽及嗅闻茶香，见图 3. 1. 2。

图 3. 1. 2　赏茶

5. 温杯

往杯中注入 1/3 沸水。右手拇指、食指和中指捏住玻璃杯身，无名指、小指自然向外，左手的中指轻托杯底。将水沿杯口借助手腕的自然动作，旋转一周，要谨防杯中的水溢出，见图 3. 1. 3。这种温杯手法，动作轻缓柔和，具有一定的观赏性，给人一种顺其自然、恬淡宁静的感觉，使浮躁的心情得以缓解。通过温杯，提高杯身温度，更利于茶香的散发和茶味浸出，同时可使茶具得到再次清洁。

图 3.1.3　温杯

6. 置茶

置茶时，左手虎口张开提拿茶荷并荷口朝右，右手持茶匙将茶叶从茶荷依次拨入玻璃杯中，投茶量视杯子容量大小而定，一般茶水比为 1g：50ml，见图 3.1.4。

图 3.1.4　置茶

7. 润茶

右手提壶（左手可垫毛巾托住壶底，也可不用），采用回旋注水法，遵循一定顺序，向杯内注入约 1/3 的开水。浸泡时间视茶叶的紧细程度而定，一般为 20～60 秒，见图 3.1.5。

图 3. 1. 5　润茶

8. 摇香

右手轻握杯身，左手托住茶杯底部，运动右手手腕逆时针转动茶杯三圈。此时杯中茶叶充分吸水舒展，开始散发香气，见图 3. 1. 6。

图 3. 1. 6　摇香

9. 冲泡

右手提壶，用凤凰三点头手法依次将水注入杯中，使茶叶上下翻动、飞舞，见图 3. 1. 7。凤凰三点头的手法既有向宾客敬礼之寓意，又起到利用水的冲力来均匀茶汤浓度的作用。中国传统礼仪有“七茶八饭十分酒”之说，因而冲泡水量控制在杯容量的七成左右。

图 3.1.7　冲泡

10. 奉茶

将泡好的茶，一一放在奉茶盘中，若有杯托则先放在杯托上再放入奉茶盘，排列顺序同布席时茶杯的摆放序列一样，端起奉茶盘走到客席，见图 3.1.8；若有助泡，则主泡用左手示意，助泡上前端起奉茶盘；主泡起身领头走向宾客席，双手端杯（若含杯托，则端杯托），按主次、长幼顺序奉茶给客人，并行伸掌礼。受茶者点头微笑表示谢意，或答以伸掌礼，这是一个宾主融洽交流的过程。奉茶完毕，主泡（或与助泡）归位。

图 3.1.8　奉茶

11. 品赏

待茶叶舒展后，以右手拿杯，女性辅以左手指轻托杯底，男性可单手持杯。先观其色，再闻其香，三品其味，后赏其形。趁热品啜茶汤的滋味，体会茶的醇和、清香；深吸一口气，使茶汤由舌尖滚至舌根充分与口腔接触，感受每一分茶汤的滋味，并静静感悟其回韵，见图 3.1.9。

当品饮者茶杯中只余1/3左右茶汤时，泡茶者应注意提壶续水，继续用凤凰三点头的手法或高冲手法，续水毕，将壶归位。通常一杯茶可续水两次细品。

图3.1.9 品赏

12. 收具

茶事完毕，将桌上泡茶用具全收到盘中归放原位，见图3.1.10。平端放有茶器的茶盘，行鞠躬礼后退场。

图3.1.10 收具

五、玻璃杯泡法茶艺表演示例

(一)狮峰龙井茶艺

建议投茶法：下投法。

1. 选用茶品

特级狮峰龙井 9g 左右。

2. 茶具及道具配备

玻璃杯 3、白瓷壶、烧水炉组、茶叶罐、茶荷、茶道组、水盂、香炉、香、茶巾、奉茶盘。

3. 择水

虎跑水，水温 80℃左右。

4. “狮峰龙井茶茶艺”演绎流程①

(1)焚香静心气——点香。通过点香来营造一个祥和肃穆的气氛，并达到驱除妄念、心平气和的目的。

(2)冰心去凡尘——温杯。当着各位宾客的面，把本来就干净的玻璃杯再次烫洗一杯，表示对宾客的敬意，同时达到提高杯身温度的作用，便于后面冲泡时干茶香气的散发和茶汤滋味的浸出。

(3)玉壶养太和——凉汤。狮峰龙井茶芽极细嫩，若直接用沸水泡茶，会烫熟了茶芽而造成茶色烫黄、熟汤失味，所以要先把开水注入瓷壶中养一会，待水温降到 80℃左右时再用来泡茶。

(4)清宫迎佳人——置茶。苏东坡有诗云：“戏作小诗君勿笑，从来佳茗似佳人。”将美好的茶叶比作尊贵的佳人，将透明的玻璃杯比作清宫，“清宫迎佳人”，即用茶匙把茶叶拨入晶莹透亮的玻璃杯中。

(5)甘露润茶心——润茶。向杯中注入约容量 1/3 的热水后摇香，使茶叶吸水，慢慢舒展开来，散发茶香。

(6)凤凰三点头——冲水。冲泡龙井茶讲究高冲水。在冲水时使水壶有节奏地三起三落而水流不间断，这种冲泡技法称为凤凰三点头，意为再三向宾客们点头致敬。

(7)碧玉泛清江——泡茶。冲水后的狮峰龙井茶吸收了水分，逐渐舒展开来并在杯中起伏，芽叶碧绿，茶汤清透，称之为“碧玉泛清江”。

(8)观音捧玉瓶——奉茶。佛教故事中传说大慈大悲的观音菩萨常捧着一个白玉瓶，净瓶中的甘露可消灾祛病，救苦救难。“观音捧玉瓶”即向宾客奉上刚泡好的狮峰龙井茶，意在祝福各位宾客一生健康、平安。

(9)春波展旗枪——赏茶。杯中的茶汤如春波荡漾，在热水的浸泡下，龙井茶的茶芽慢慢地舒展开来，尖尖的茶芽如枪，展开的叶片如旗。一芽一叶称为“旗枪”，一芽两叶称为“雀舌”，展开的茶芽，在清碧澄澈的水中上下沉浮，或左右摆动，栩栩如生，宛如春兰初绽，又似有生命的精灵在舞蹈。

(10)静慧悟茶香——闻香。龙井茶有四绝“色绿、香郁、味甘、形美”，龙井茶的香气清高幽雅，馥郁如兰而胜于兰，让我们细细地闻一闻，感受这沁人心脾的幽雅茶香。

---

① 好搜百科：《绿茶茶艺》，http://baike.haosou.com/doc/6108358-6321472.html.

(11)淡中品至味——品味。清代茶人陆次之说龙井茶“啜之淡然，似乎无味，饮过之后，觉有一种太和之气，弥沦于齿颊之间，此无味之味，乃至味也”。慢慢品饮龙井茶，似乎味淡，但细细品来，似乎有一股太和之气沁人肺腑。

(12)自斟乐无穷——谢茶。品茶之乐，乐在闲适，乐在怡然自得。请各位宾客自斟自饮，通过亲自斟饮，从中感受茶可清心、茶可养性，品味人生的无穷乐趣。

(二)碧螺春茶艺

建议投茶法：上投法。

1. 选用茶品

特级碧螺春9g。

2. 茶具及道具配备

玻璃杯3、白瓷壶、烧水炉组、茶叶罐、茶荷、茶道组、水盂、香炉、香、茶巾、奉茶盘。

3. 择水

山泉水，水温75~80℃。

4. “碧螺春茶艺”演绎流程①

“洞庭无处不飞翠，碧螺春香万里醉。”烟波浩渺的太湖包蕴吴越，太湖洞庭山所产的碧螺春集吴越山水的灵气和精华于一身，是我国历史上的贡茶。新中国成立后，碧螺春被评为我国十大名茶之一，现在就请各位宾客来品啜这难得的茶中瑰宝，并欣赏碧螺春茶艺。

(1)焚香通灵——点香。“茶需静品，香能通灵。”在品茶之前，首先点上一支香，让我们的心平静下来，以便以空明虚静之心，去体悟这碧螺春中所蕴含的大自然的信息。

(2)仙子沐浴——涤器。晶莹剔透的玻璃杯好比冰清玉洁的仙子，“仙子沐浴”即再次清洁茶杯，以示对宾客的敬重。

(3)玉壶含烟——凉水。冲泡特级碧螺春宜用75~80℃的开水，在烫杯之后，将开水注入白瓷壶中，不加壶盖，让壶中的开水随着水汽的蒸发自然降温。壶口蒸汽氤氲，故称之“玉壶含烟”。

(4)碧螺亮相——赏茶。敬请各位鉴赏干茶。碧螺春有“四绝”——形美、色艳、香浓、味醇。赏茶就是欣赏它的第一绝“形美”。每一斤特级碧螺春需采摘约7万个嫩芽，她条索纤细、卷曲成螺、满身披毫、银白隐翠，多像民间故事中娇巧可爱、羞答答的田螺姑娘。

(5)雨涨秋池——注水。“巴山夜雨涨秋池”是唐代诗人李商隐的名句，充满诗情画意，“雨涨秋池”即向杯中注水，水只宜注到七分满，留下三分是真情。

(6)飞雪沉江——置茶。用茶匙将茶荷里的碧螺春依次拨入杯中。满身披毫、银白隐翠的碧螺春如雪花纷纷扬扬飘落到杯中，吸水下沉，瞬时间白云翻滚，雪花纷飞，煞

---

① 豆丁：《碧螺春茶艺解说词》，http：//www. docin. com/p-72296526. html.

是好看。

(7)春染碧水——观色。碧螺春沉入水中，杯中茶汤逐渐变为绿色，芽叶慢慢舒展开来，此时茶汤似碧玉，整个茶杯好像盛满了春天的气息。

(8)绿云飘香——闻香。翠绿的茶芽，碧绿的茶水，在杯中如绿云翻滚，氤氲的蒸汽使得茶香四溢，清鲜袭人。

(9)初尝玉液——品茶。品饮碧螺春应趁热连续细品。头一口如尝玄玉之膏，云华之液，感到色淡、香幽、汤味鲜雅。

(10)再啜琼浆——再品。二啜感到茶汤更绿、茶香更浓、滋味更醇，并感到舌本回甘，舌根含香，满口生津，回味无穷，使人顿觉神清气爽。

(11)三品醍醐——三品。在佛教典籍中用醍醐来形容最玄妙的“法味”。品第三口茶时，我们所品到的已不再是茶，而是在品太湖春天的气息，在品洞庭山盎然的生机，在品人生的百味。

(12)神游三山——回味。古人讲茶要静品、慢品、细品。在品了三口茶后，请各位宾客继续慢慢地自斟细品，静心体味“清风生两腋，飘然几欲仙。神游三山去，何似在人间”的绝妙感受。

(三)君山银针茶艺

建议投茶法：中投法。

1. 选用茶品

特级君山银针 9g。

2. 茶具及道具配备

玻璃杯 3、白瓷壶、烧水炉组、茶叶罐、茶荷、茶道组、水盂、香、香炉、茶巾、奉茶盘、玻璃片 3。

3. 择水

山泉水，水温 95℃以上。

注：君山银针是最具观赏价值的名茶之一，为了充分领略它在杯中的曼妙茶姿，在冲泡时要用 95℃以上的开水，并且在冲入开水后要立即盖上一块玻璃片。

4. “君山银针茶艺”演绎流程①

黄茶中的极品——君山银针产于湖南洞庭湖中的君山岛。“洞庭天下水”，八百里洞庭“气蒸云梦泽，波撼岳阳城”，每一朵浪花都在诉说着中华文化。“君山神仙岛”，小小的君山岛上堆积了中华民族的无数故事。这里有舜帝的两个爱妃娥皇女英之墓，有秦始皇的封山石刻，有流淌着爱情传说的柳毅井，还有李白、杜甫、白居易、范仲淹、陆游等中华民族精英留下的足迹。这里所产的茶吸收了湘楚大地的精华，尽得云梦七泽的灵气，所以风味奇特，极耐品味。

(1)焚香静气可通灵——焚香。“茶须静品，香可通灵。”静下心来，品味君山银针

---

① 和茶网—茶与生活—茶艺茶道—茶艺欣赏：《君山银针茶艺表演》，http://yd.hecha.cn/info/7/show_21694.html.

厚重的文化积淀，品味我们中华民族优秀的传统精神。

(2)涤净凡尘心自清——涤器。品茶的过程是茶人澡雪心灵的过程，烹茶涤器，不仅是洗净茶具上的尘埃，更重要的是在澡雪茶人的灵魂。

(3)娥皇女英展仙姿——鉴茶。让我们一同品赏娥皇女英用真情化育出的灵物——茶。品茶之前，先鉴赏干茶的外形、色泽和香气。相传4000多年前舜帝南巡，不幸驾崩于九嶷山，他的两个爱妃娥皇和女英前来赴丧，在君山望着烟波浩渺的洞庭湖放声痛哭，她们的泪水滴洒在君山的土地上，君山便长出了象征忠贞爱情的植物——茶。

(4)烟波浩渺满君山——注水。在杯中注入1/3的水，玻璃杯中热气氤氲，如梦似幻。

(5)帝子沉湖千古情——投茶。娥皇、女英是尧帝的女儿，故也被称为“帝子”。她们在奔丧时乘船到洞庭湖，船被风浪打翻而沉入水中。她们的真情被世人传颂千古。

(6)碧波汹涌连天雪——高冲。通过悬壶高冲，茶芽在杯中翻滚，玻璃杯中波涛汹涌，泛起白色泡沫。冲泡后的君山银针，往往浮卧汤面，这时用玻璃片盖在玻璃杯上，能使茶芽吸水均匀，快速下沉。

(7)楚云香染洞庭湖——闻香。打开玻璃片，君山银针的茶香即随着热气而散发。洞庭湖古属楚国，杯中的水汽伴着茶香氤氲上升，如香云萦绕，故称“楚云”。茶香清幽淡雅，浓郁醉人。

(8)湘水浓溶湘灵情——赏茶。赏茶是品赏君山银针的特色程序，也称看茶舞。君山银针的茶芽在热水的浸泡下慢慢舒展开来，芽尖朝上，蒂头下垂，在水中时浮时沉，经过三沉三浮后，竖立于杯中，随水波晃动，像是娥皇女英落水后苏醒过来，在水中舞蹈。我国自古有“湘女多情”之说，杯中茶芽曼妙，犹如灵动的湘女翩翩起舞，浓浓的茶水恰似湘灵浓浓的情。芽光水色，浑然一体，碧波绿芽，相映成趣。

(9)人生三味一杯里——品茶。品君山银针要在一杯茶中品出三种味：一品湘君芬芳的清泪之味；二品柳毅为小龙女传书之后，在碧云宫中尝到的甘露之味；三品君山银针这潇湘灵物所蕴藏的大自然的无穷妙味。

(10)品罢存心逐白云——谢茶。三品之后，各位或是“明心见性”“心随白云去”，或是在人生路上沉沉浮浮也永不放弃心中美好的追求。这是人生的感悟，精神的升华，亦是茶人们执著的追求。

第二节　盖碗泡法

一、盖碗泡法由来

所谓盖碗泡法是指以盖碗为茶具所形成的泡茶与品饮方法。相传盖碗茶起源于唐代。据唐人李匡乂《资暇录》卷下《茶托子》介绍，公元780年前，西川节度使崔宁之女口啜香茗时，手指被茶杯所烫，遂拿碟子来托住茶杯，起到隔热作用，同时给碟子装上蜡环套住茶杯，以防止茶杯倾倒，后来又让漆工做成漆制品，称为“盏托”。宋代时期，“盏托”的使用已相当普及，多为漆制品；至明代时期又在盏上加盖。

盖碗通常以“茶碗”为主，上加一“碗盖”，下配一“碗托”，形成所谓三件式盖碗。盖碗亦称为“三才碗”，蕴含了古代哲人讲的“天盖之，地载之，人育之”的道理。

二、盖碗泡法特点

用于泡茶的盖碗通常为瓷质。瓷器指的是用瓷土烧制成的器具，最早出现于商周时期。瓷器茶具按色泽不同可以分为白瓷茶具、青瓷茶具和黑瓷茶具等。白瓷早在唐代就有“假玉器”之称，因色白如玉而得名，以江西景德镇出产的白瓷茶具最为有名，体现出浓郁的民族风格和现代东方气息。青瓷茶具主要产于浙江、四川等地，其中以浙江龙泉青瓷最为有名，其以古朴的造型、翠青如玉的釉色著称于世，被誉为“瓷器之花”。黑瓷茶具产于浙江、四川、福建等地。在古代，黑瓷兔毫茶盏古朴雅致，风格独特，其瓷质厚重，保温性较好，因此为斗茶行家所珍爱。

用瓷盖碗冲泡茶叶，方便清洗，且不易吸杂味。由于它质地坚固、耐于使用、美观干净、不容易腐蚀，制作费用也远远低于质地为金、银、铜、玉、漆器的器具，加上原材料很丰富，所以发展很快，迅速取代了金属、陶质、漆质器具，成了人们日常生活中不可或缺的一部分。

盖碗泡法主要用以冲泡花茶、乌龙茶、红茶和普洱茶等。

三、盖碗泡法分类

盖碗泡法包括以下几种形式：

1. 以盖碗泡茶兼品饮

将茶叶放入碗内，冲水、浸泡，适当浓度后就直接以盖碗品饮茶汤。

2. 以盖碗作为茶壶使用

将茶叶放入碗内，冲水、浸泡，适当浓度后将茶汤一次倒入盅内或一次分倒入杯内。

盖碗泡法是比小壶茶法更为简便的一种泡茶品饮方式，以盖碗泡茶兼品饮时，就只要这么一组盖碗，简单利落；以盖碗作为茶壶使用时，不但可随时打开碗盖观看茶汤的浓度，而且置茶、去渣、清洗上也比茶壶方便。

3. 以盖碗作为盛放茶汤的茶杯

也可将盖碗作为盛放茶汤的器皿，这就是将泡好的茶汤倒入盖碗内请宾客品饮，即是将盖碗作为茶杯使用，只用于品饮。

四、盖碗泡法基本流程

1. “盖碗冲泡茉莉花茶”基本流程(以盖碗泡茶兼品饮)

(1)备具。烧水炉组、盖碗3、竹席、奉茶盘、茶叶罐(含所需茶品)、茶荷，水盂，茶道组、茶巾(或含茶巾盘)等。

将所准备的茶具器皿，摆放至合适的位置以便茶艺冲泡，将盖碗放置在竹席上，可呈一字形(斜或横)、品字形、圆弧形等，将烧水炉组、水盂等湿器放置在泡茶台的右边，烧水炉组放在右上，水盂放在右下，将茶叶罐、茶道组放在泡茶台的左上方，茶荷放在左下，茶巾(或含茶巾盘)放在泡茶者的右手位，见图3.2.1。

图3.2.1　备具

(2)备水。选用山泉水或矿泉水等，水烧开待其自然冷却至90℃左右待用。

(3)揭(翻)杯盖。可将杯盖揭开放置在杯托上，或以茶针将杯盖翻转，见图3.2.2。

图3.2.2　翻盖

(4)赏茶。用茶匙将茶叶罐中的茶叶拨适量入茶荷中，一般每杯约3g的量，双手将茶荷奉给来宾欣赏干茶外形、色泽及嗅闻茶香，见图3.2.3。

图3.2.3　赏茶

(5)温盖碗。右手提壶，用回旋注水法，遵循一定顺序，向各盖碗内注入该容量约1/3的开水，利用茶针再次翻转杯盖，盖上杯盖(注意留一个出水的缝)，右手提起盖碗，左手托住盖碗底部，运动右手手腕逆时针转动盖碗一圈，将温盖碗的水弃入水盂，见图3.2.4至图3.2.6。

图3.2.4　温盖碗1

(6)开杯盖。打开杯盖，将杯盖架在杯托与杯身之间，见图3.2.7。

(7)置茶。左手虎口张开提拿茶荷将荷口朝右，右手持茶匙，遵循一定顺序将茶叶从茶荷中拨入各盖碗中，参照盖碗容量，茶水比为1g∶50ml；若盖碗多，茶荷一次无法盛下，可以分次完成，见图3.2.8。

图 3. 2. 5　温盖碗 2

图 3. 2. 6　温盖碗 3

图 3. 2. 7　开杯盖

图 3. 2. 8　置茶

(8) 润茶。右手提壶，左手可垫毛巾托住壶底，也可不用，用回旋注水法，遵循一定顺序，向各盖碗内注入该容量约 1/4 的开水，浸润时间视茶叶的紧细程度而定，约 15 秒，见图 3. 2. 9。

图 3. 2. 9　润茶

(9) 摇香。右手提起盖碗，左手托住盖碗底部，运动右手手腕逆时针摇转盖碗三圈。此时杯中茶叶充分吸水舒展，开始散发香气，见图 3. 2. 10。

图 3. 2. 10　摇香

（10）冲泡。右手提壶，用凤凰三点头的手法注水入盖碗中，使茶叶上下翻动，利于茶汁的浸出，见图 3. 2. 11。

图 3. 2. 11　冲泡

（11）奉茶。将泡好的茶，一一放在奉茶盘中，排列顺序同布席时茶杯的摆放序列一样，端起奉茶盘走到客席（见图 3. 2. 12），若有助泡，则主泡用左手示意，助泡上前端起奉茶盘，主泡起身领头走向客席，主泡双手端杯，按主次、长幼顺序奉茶给客人，并行伸掌礼，见图 3. 2. 13。受茶者点头微笑表示谢意，或答以伸掌礼，这是一个宾主融洽交流的过程。奉茶完毕，主泡（或与助泡）归位。

（12）品赏。女性以左手托住杯托，右手打开杯盖先观其色，再闻其香，三品其味，见图 3. 2. 14。男性可单手持杯，直接品饮。

（13）收具。茶事完毕，将桌上泡茶用具全收到盘中归放原位，见图 3. 2. 15。平端放有茶器的茶盘，行鞠躬礼，退至后场，或先行鞠躬礼，然后端茶器退场。

图 3. 2. 12　奉茶 1

图 3. 2. 13　奉茶 2

图 3. 2. 14　品赏

图 3. 2. 15　收具

2.“盖碗冲泡红茶”基本流程(以盖碗作为茶壶使用)

(1)备具。烧水炉组、盖碗、茶盅、品茗杯若干(视人数而定)、茶滤(含滤架)、奉茶盘、茶叶罐(含所需茶品)、茶荷、水盂、茶道组、茶巾(或含茶巾盘)、竹席(或茶盘)等。

将所准备的茶具器皿，摆放至合适的位置以便茶艺冲泡，将盖碗、茶盅、茶滤摆在竹席右半边，品茗杯数个摆在竹席左半边，可呈斜字形摆放，将烧水炉组、水盂等湿器放置在泡茶席的右边，烧水炉组放在右上，水盂放在右下，将茶叶罐、茶道组等放在泡茶席的左上方，茶荷放在左下，茶巾(或含茶巾盘)放在泡茶者的右手位。

(2)备水。选用山泉水或矿泉水等，水烧开待其自然冷却至90℃左右待用。

(3)翻杯。按从左到右顺序，用单手动作翻品茗杯，即手心向下，用大拇指与食指、中指三指扣住品茗杯外壁，向内转动手腕成手心向上，轻轻放下；亦可用双手按由外至内顺序，左右同时翻品茗杯，见图3.2.16、图3.2.17。

图3.2.16　翻杯1

图3.2.17　翻杯2

(4)赏茶。用茶匙将茶叶罐中的茶叶拨适量入茶荷中，依据盖碗大小及茶叶紧细程度，3~5g的量，双手将茶荷奉给来宾欣赏干茶外形、色泽及嗅闻茶香，见图3.2.18、图3.2.19。

图3.2.18　赏茶1

图3.2.19　赏茶2

(5)温盖碗。右手提壶，左手可垫毛巾托住壶底，也可不用，用回旋注水法，向盖碗内注入少量开水(约容量的1/3)。盖上盖(注意留一个出水的缝)，将茶滤放置在茶盅上，右手提起盖碗，左手托住盖碗底部，运动右手手腕逆时针转动盖碗一圈，将温盖碗的水倒入茶盅，见图3.2.20至图3.2.22。

(6)温盅及品茗杯。提起茶盅，运动手腕逆时针转动茶盅一圈，将温盅水倒入各品茗杯中，见图3.2.23、图3.2.24。

图 3. 2. 20　温盖碗 1

图 3. 2. 21　温盖碗 2

图 3. 2. 22　温盖碗 3

图 3. 2. 23　温盅及品茗杯 1

图 3. 2. 24　温盅及品茗杯 2

(7)置茶。左手虎口张开提拿茶荷将荷口朝右，右手持茶匙，将茶叶从茶荷中拨入盖碗中，一般按照盖碗容量的大小茶水比为 1g：50ml，见图 3. 2. 25。

图 3. 2. 25　置茶

(8)润茶。右手提壶，用回旋注水法，向盖碗内注水(约容量的1/3)。浸润时间约20秒，视茶叶的紧细程度而定，见图3.2.26。

图3.2.26　润茶

(9)摇香。右手提起盖碗，左手托住盖碗底部，运动右手手腕逆时针摇转盖碗三圈。此时杯中茶叶充分吸水舒展，开始散发香气，见图3.2.27。

图3.2.27　摇香

(10)冲泡。右手提壶，用悬壶高冲手法，注水入盖碗中使茶叶上下翻动，利于茶汁的浸出，见图3.2.28。

(11)斟茶。将茶滤放置在茶盅上，先提起盖碗将茶汤倒入茶盅，再将茶汤均匀斟入各品茗杯中。由于古有“酒满敬人，茶满欺人”之说，茶汤不可满斟入杯，一般加至品茗杯的七分满即可，见图3.2.29、图3.2.30。

图 3. 2. 28　冲泡

图 3. 2. 29　斟茶 1

图 3. 2. 30　斟茶 2

(12)奉茶。将泡好的茶，一一放在奉茶盘中，排列顺序同布席时茶杯的摆放序列一样，端起奉茶盘走到客席，若有助泡，则主泡用左手示意，助泡上前端起奉茶盘，主泡起身领头走向客席，主泡双手端杯，按主次、长幼顺序奉茶给客人，并行伸掌礼，见图 3. 2. 31。受茶者点头微笑表示谢意，或答以伸掌礼，这是一个宾主融洽交流的过程。奉茶完毕，主泡(或与助泡)归位。

图 3. 2. 31　奉茶

(13)品赏。右手端起品茗杯，先观其色，再闻其香，最后品其味，见图 3. 2. 32。

图 3. 2. 32　品赏

(14)收具。茶事完毕，将桌上泡茶用具全部收到盘中归放原位。平端放有茶器的茶盘，行鞠躬礼，退至后场，或先行鞠躬礼，然后端茶器退场。

五、盖碗泡法茶艺表演示例

(一)铁观音茶艺

1. 选用茶品

特级安溪铁观音茶 7g。

2. 茶具及道具配备

陶质炭炉、水壶、瓷质圆茶船、盖碗(亦称盖瓯)、小白瓷品茗杯 6、茶叶罐、茶道组、茶巾等。

3. 择水

山泉水，水温 95℃以上。

4. “铁观音茶艺”演绎流程

安溪铁观音茶艺源于民间功夫茶，浓缩着中华茶艺的精神。细腻优美的动作，传达的是纯、雅、礼、和的安溪茶道精神，体现了人与人、人与自然、人与社会和谐相处的神妙境界，使人们在品茶的过程中，得到美的享受，启发人们走向和谐健康的生活境界。

(1)神入茶境。茶者在沏茶前应先以清水净手，端正仪容，以平静、愉悦的心情进入茶境，备好茶具，聆听中国传统音乐(如南音名曲)，以古琴、箫来帮助自己心灵的安静，见图 3. 2. 33。

图 3. 2. 33　神入茶境

(2)展示茶具。茶匙、茶则、茶夹、茶通是竹器工艺制成的，安溪盛产竹子，这是民间传统惯用的茶具。茶匙、茶则是置茶用，茶夹是夹杯洗杯用的。

(3)烹煮泉水。沏茶择水最为关键，水质不好，会直接影响茶的色、香、味，只有好水茶味才美。冲泡安溪铁观音，烹煮的水温需达到 100℃，这样最能体现铁观音独特的韵味。

(4)沐霖瓯杯。“沐霖瓯杯”也称“热壶烫杯”。先洗盖瓯，再洗白玉杯，这不但能使瓯杯具有一定的温度，又能起到再次清洁作用，见图 3. 2. 34 至图 3. 2. 36。

图 3. 2. 34　沐霖瓯杯 1

图 3. 2. 35　沐霖瓯杯 2

图 3. 2. 36　沐霖瓯杯 3

(5)观音入宫。右手持茶则自茶叶罐中取出茶叶，再将铁观音置入瓯杯，美其名曰“观音入宫”，见图3.2.37。

图3.2.37　观音入宫

(6)悬壶高冲。铁观音冲泡讲究高冲水低斟茶。提起水壶，对准瓯杯，先低后高冲入，使茶叶随着水流旋转而充分舒展，见图3.2.38。

图3.2.38　悬壶高冲

(7)春风拂面。用杯盖轻轻刮去泡沫。左手提起瓯盖，轻轻地在瓯面上绕一圈把浮在瓯面上的泡沫刮起，然后右手提起水壶把瓯盖冲净，这叫“春风拂面”，见图3.2.39、图3.2.40。

(8)瓯里蕴香。乌龙茶加工工艺为半发酵。铁观音是乌龙茶中的极品，其生长环境得天独厚，采制技艺十分精湛，素有“绿叶红镶边，七泡有余香”之美称，具有抗癌、美容、降血脂等特殊功效，茶叶下瓯冲泡需要等待1~2分钟，等待瓯中的茶叶释放出香和韵，方能斟茶。

图 3. 2. 39　春风拂面 1

图 3. 2. 40　春风拂面 2

（9）三龙护鼎。斟茶时，把右手的拇指、中指夹住瓯杯的边沿，食指按在瓯盖的顶端，提起盖瓯，把茶水倒出，三个指称为三条龙，盖瓯称为鼎，这叫“三龙护鼎”，见图 3. 2. 41。

图 3. 2. 41　三龙护鼎

(10)观音出海。提起盖瓯，沿茶船边绕一圈，把瓯底的水刮掉，这样可防止瓯外的水滴入杯中。

(11)行云流水。民间称之“关公巡城”，就是把茶水依次巡回均匀地斟入各品茗杯中，斟茶时应低行，见图 3. 2. 42。

图 3. 2. 42　行云流水

(12)点水流香。民间称为“韩信点兵”，就是斟茶到最后瓯底最浓部分，要均匀地一点一点滴注到各品茗杯中，达到浓淡均匀，香醇一致。也是表达对各位品茗者的平等与尊敬，见图 3. 2. 43。

图 3. 2. 43　点水流香

(13)敬奉香茗。双手端起茶盘彬彬有礼地向各位嘉宾、朋友敬奉香茗，见图 3. 2. 44。

(14)鉴赏汤色。品饮铁观音，要观其色，就是观赏茶汤的颜色。名优铁观音汤色清澈、金黄、明亮，让人赏心悦目，见图 3. 2. 45。

图 3. 2. 44　敬奉香茗

图 3. 2. 45　鉴赏汤色

(15)细闻幽香。闻其香，闻闻铁观音的香气，那天然馥郁的兰花香、桂花香，清香四溢，让人心旷神怡，见图 3. 2. 46。

图 3. 2. 46　细闻幽香

(16)品啜甘霖。品其味，品啜铁观音的韵味，有一种特殊的感受，你呷上一口含在嘴里，慢慢送入喉中，顿时会觉得满口生津，齿颊留香，六根开窍清风生，飘飘欲仙最怡人，见图 3.2.47。

图 3.2.47　品啜甘霖

(二)普洱生茶茶艺

1. 选用茶品

普洱生茶茶饼。普洱生茶是用晒青毛茶蒸压制成的各种形状的紧压茶，市场上最常见的形状有饼形、沱形、砖形，其次为柱形、心形(如班禅沱茶)、宝塔形、南瓜形等。投茶量一般为 3~5g，普洱生茶茶性较烈，投茶量可稍少一些。

2. 茶具及道具配备

烧水炉组、青花瓷盖碗、玻璃公道杯、茶滤(含茶滤架)、青花瓷品茗杯若干(视人数而定)、茶叶罐、茶道组、茶巾、茶盘、奉茶盘等。

需要注意，冲泡普洱生茶时，冲泡器皿要根据茶叶的陈期长短、陈化程度的轻重来选择。一般原料细嫩、陈期短、陈化程度轻者可选择盖碗或瓷壶，普洱生茶的茶艺设计要突出自然清新质朴的风格。原料成熟度高、陈期较长、陈化程度较重者可选择紫砂壶冲泡。

3. 择水

山泉水，水温 95~100℃。

4. “普洱生茶茶艺”演绎流程

(1)行礼备具。原生青饼清新、凛冽的香气滋味要用瓷器才能充分体现。

(2)活煮清泉。选择清澈、透明、鲜活、甘洌的泉水，实属泡茶好水，“活水还需活火烹”，现时烹煮的清泉会让清洌的原生茶的品质尽善尽美。

(3)鉴赏团月。苏东坡形容团茶的形状之美为天上小团月，请各位嘉宾欣赏这圆似三秋皓月轮的原生青饼，看看它那动人无比的风采。在鼻前深深一吸，您将会感受到那浓浓的阳光的气息和清甜的茶香。

(4)轻解团月。用茶刀轻轻松解这片小小的月团，要解得均匀，不可伤到茶身。

(5)温润杯具。将洁净的杯具润洗一遍，即可起到提高器皿温度的目的，同时也再次清洗了杯具，以示对各位宾客的尊敬。

(6)仙茗入瓯。将解好的茶轻轻拨入温热的青花瓷碗中。轻轻飘然而下的茶叶仿佛深山中的仙子，轻松、欢快地展现她那清丽、活泼的仙姿。

(7)洗净香肌。苏东坡诗云：“仙山灵草湿行云，洗遍香肌粉未匀。”润茶时，要轻、快，快速将润茶水倒出，轻轻揭盖，闻一闻，一股清新之气、清鲜之韵、灵动之感扑面而来，让人感受到原生青饼那活泼的韵致。

(8)仙茗起舞。将沸水高冲入茶碗，茶叶在盖瓯中轻盈摇曳起舞。

(9)玉液盈杯。将茶汤倒入公道杯中，再将茶汤均匀分到各品茗杯中。

(10)仙茗敬客。将茶敬奉给各位嘉宾。

(11)赏色闻香。浅色瓷杯里的茶汤橙黄、明亮，自然的本色尽显杯里，让人心旷神怡；轻吸一口气，清冽茶香阵阵袭来，那天然的幽香，让人不禁为之沉醉。

(12)慢品茶韵。将茶汤含在口里细细品味，可以感受到茶汤丰富的层次感，淡淡的苦涩之后，浮现清冽、细腻之感，茶汤入喉，口里溢满芳香，随即甘甜生津，齿颊留香。

(13)谢茶收具。愿这美妙的茶香，能让您体会到原生茶清新自然的味儿，感受到云南民族的风情，品味到彩云之南的春天。

第三节 壶 泡 法

一、壶泡法由来

壶泡法亦称小壶茶法，主要是指使用“小型壶具”冲泡茶的方法与品饮方式。茶壶一般在400ml以内，品茗杯一般在50ml以内，置茶入壶一次，可冲泡数次以供品饮。传统的小壶茶仅配备壶与杯，后为方便分茶入杯，增加“茶盅”(或称公道杯、茶海)。壶泡法选用的壶有紫砂、玻璃和陶瓷等材质。由于紫砂壶的透气性能好，保温性好，既不“夺茶香气”，又能“无熟汤气”，用之泡茶色香味皆蕴，具有让人爱不释手的诸多优点，故使用壶泡法多以紫砂壶为主。

紫砂文化绵延数千年，素有“人间珠玉安足取，何如荆溪一丸土”之美誉。关于紫砂壶的文献资料，最早见于北宋梅尧臣的诗，“小石冷泉留早味，紫泥新品泛春华”。而有紫砂壶实物遗存与制作者记载的，要到明代中期。相传，明正德年间，金沙寺僧用手捏制了一把紫砂壶，在深山用木柴烧成，用此壶泡茶香味无比，比一般陶瓷壶明显更醇正，清香甘爽，并且连放数日茶水水质不变，此壶便成为世上第一把紫砂壶。供春从金沙寺僧学制壶技艺，其作品保留至今的有失盖树瘿壶。金沙寺僧与供春通常被尊为紫砂陶的创始者，即“陶壶鼻祖”。

紫砂陶器源于宋代，盛于明清。明清两代，宜兴紫砂艺术得到迅猛发展，明万历至明末是紫砂器发展高峰，先后出现制壶“四名家”和“壶家三大”。明代制壶“四名家”为董翰、赵梁、元畅、时朋；“壶家三大”是时大彬(时朋之子)与他的两位高足李仲芳和徐友泉。嘉庆年间，时任溧阳县令的陈鸿寿(号曼生)精通书法、绘画和篆刻，由于其酷爱紫砂茗壶，便自创壶式十八种，聘请紫砂名匠杨彭年照其样式进行制作，并亲自在壶上铭文，成为传世的曼生十八式紫砂壶。曼生壶的特点是在紫砂壶上镌刻书画、题铭，融砂壶、诗文、书画于一体。

二、壶泡法特点

紫砂茶具采用的泥料与普通的陶器具不一样，是使用独特的陶土即紫砂泥经过焙烧制作而成。紫砂泥主要分为紫泥、红泥、绿泥三大类，其中又可分为众多小类。紫砂茶具内部和外部皆不敷釉，其制作工艺精深，色泽质朴无华。

紫砂茶具的特点是泥色多变，耐人寻味，壶经久用，反而光泽美观。紫砂壶透气性极强、双孔性透气而不渗水，暑天越宿不起腻苔，茶叶放入不易霉馊变质；用紫砂壶泡茶不失原味，聚香含淑，色、香、味皆蕴，使茶叶越发醇郁芳馨；紫砂冷热急变性能好，寒冬腊月，壶内注入沸水，绝对不会因温度突变而胀裂；同时，紫砂泥中含有多种矿物质和微量元素，对人体具有保健作用。

三、壶泡法基本流程

以紫砂壶泡法为例。紫砂壶泡法是以紫砂壶作为主要冲泡器具来沏泡茶叶的一种方法，常见的有台式功夫(双杯有盅)、闽式功夫(单杯无盅)和潮汕功夫等三种。

1.“台式功夫(双杯有盅)”基本流程

(1)备具。紫砂壶、茶盅、品茗杯若干(视人数而定)、闻香杯若干(视人数而定)、杯托若干(视人数而定)、茶滤、茶滤架、烧水炉组、夹层茶盘、水盂、茶叶罐(含所需茶品)、茶荷、茶道组、茶巾(或含茶巾盘)、奉茶盘、盖置等。

将紫砂壶、茶盅、茶滤、茶滤架、品茗杯和闻香杯放置在茶盘上；茶盘右侧放置烧水炉；茶盘左侧依次摆放茶道组、茶叶罐、赏茶荷、杯托等；茶巾(或含茶巾盘)放在冲泡者的右手位，见图 3. 3. 1。

(2)备水。选用山泉水或矿泉水等，将水烧沸后，水温保持95℃以上待用。

(3)翻杯。先翻闻香杯，后翻品茗杯。具体手法：按从左到右顺序，用单手动作翻品茗杯，即手心向下，用大拇指与食指、中指三指扣住茶杯外壁，向内转动手腕成手心向上，轻轻放下，亦可用双手同时翻杯，见图 3. 3. 2 至图 3. 3. 4。

图 3.3.1　备具

图 3.3.2　翻杯 1

图 3.3.3　翻杯 2

(4)赏茶。用茶则或茶匙从茶叶罐中取适量茶叶至茶荷，双手将茶荷奉给来宾欣赏干茶外形、色泽及嗅闻茶香，见图 3.3.5。

图 3.3.4　翻杯 3

图 3.3.5　赏茶

(5)温壶。打开壶盖，将沸水注入约一半容量，盖上壶盖，大拇指与中指捏住紫砂壶壶柄，无名指在壶柄斜下方托住，食指按住壶盖的钮，左手托住壶底，按逆时针方向回转手腕温洗茶壶，令壶身均匀受热后，将水倒入茶盅，见图 3.3.6 至图 3.3.8。

图 3.3.6　温壶 1

图 3. 3. 7　温壶 2

图 3. 3. 8　温壶 3

(6)置茶。将茶漏置于紫砂壶口(壶口较大可不需茶漏)，左手持茶匙将适量茶叶拨入壶中，一般按照壶容量的大小茶水比为 1g：20~22ml，见图 3. 3. 9。

图 3. 3. 9　置茶

(7)润茶。将沸水注入壶中，约至一半容量，冲水时水线要轻柔饱满。盖上壶盖，再放好汤壶，随即将紫砂壶内的茶汤倒入品茗杯中，见图 3.3.10。出汤的速度要快，以尽量减少茶叶内的有效成分浸出。

图 3.3.10　润茶

(8)冲泡。将沸水再次高冲入壶，用壶盖刮去泡沫，盖上壶盖，再用沸水淋洗壶盖一圈，放置汤壶，待茶叶在壶中浸泡适时，再斟出茶汤，见图 3.3.11 至图 3.3.14。

图 3.3.11　冲泡 1

图 3.3.12　冲泡 2

图3.3.13　冲泡3

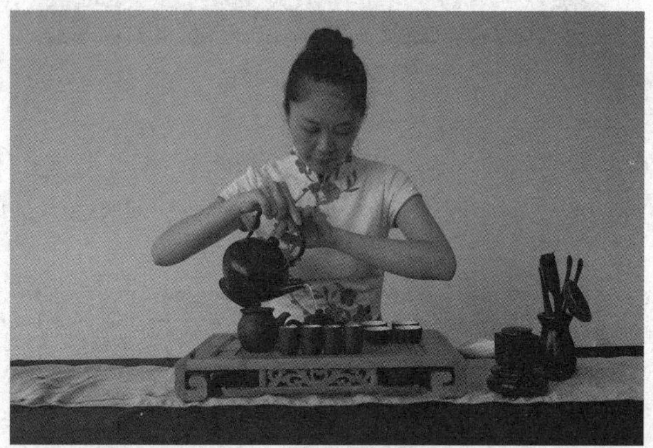

图3.3.14　冲泡4

(9)温具。依次温洗茶盅、品茗杯及闻香杯。温洗品茗杯时，可采用品茗杯套洗法、茶夹夹洗法和浇淋壶身法等手法，见图3.3.15至图3.3.17。

图3.3.15　温具1

图 3. 3. 16　温具 2

图 3. 3. 17　温具 3

(10)斟茶。浸泡适时后，将紫砂壶中的茶汤倒入茶盅，倒出茶汤时，紫砂壶与茶盅的距离要近，这样既可防止茶汤香味和热量散失，又可防止茶汤溅出，或产生泡沫，影响美观和意境。当茶汤斟至不能形成水流时，要轻柔地将紫砂壶里的剩余茶汤尽数点入茶盅中，这样有利于出尽茶之精华，又可避免剩余茶汤长时间在壶中滞留而影响下一泡茶汤的品质，产生苦涩味。最后，将茶盅中的茶汤慢慢斟入闻香杯中，然后将闻香杯的杯距拉开，端起品茗杯，在茶巾上拭干杯底余水，再翻转品茗杯倒扣在闻香杯上，接着，右手手心朝上，食指与中指夹住闻香杯，大拇指按住品茗杯杯底，平稳端起后，沾干闻香杯杯底余水，手心内扣，翻转闻香杯和品茗杯，左手拿住翻转到下面的品茗杯，放置在杯托上，见图 3. 3. 18 至图 3. 3. 22。

图 3. 3. 18　斟茶 1

图 3. 3. 19　斟茶 2

图 3. 3. 20　斟茶 3

图 3. 3. 21　斟茶 4

图 3. 3. 22　斟茶 5

(11)奉茶。将泡好的茶，一一放在奉茶盘中，端起奉茶盘走到客席，若有助泡，则主泡用左手示意，助泡上前端起奉茶盘，主泡起身领头走向客席，双手端杯(若含杯托，则端杯托)，按主次、长幼顺序奉茶给客人，并行伸掌礼，见图 3. 3. 23。受茶者点头微笑表示谢意，或答以伸掌礼，这是一个宾主融洽交流的过程。奉茶完毕，主泡(或和助泡)归位。

图 3. 3. 23　奉茶

(12)品赏。右手将闻香杯稍作倾斜缓缓提起，双手滚动闻香杯，先闻其香气，再端起品茗杯，观其汤色，最后品其滋味。趁热品啜茶汤的滋味，体会茶的醇和、清香，深吸一口气，使茶汤由舌尖滚至舌根充分与口腔接触，感受每一分茶汤的滋味，后可静静感悟其回韵，见图 3. 3. 24 至图 3. 3. 26。

图 3. 3. 24　品赏 1

图 3. 3. 25　品赏 2

图 3. 3. 26　品赏 3

(13)收具。茶事完毕，将桌上泡茶用具全收到盘中归放原位。行鞠躬礼，退场。

2.“闽式功夫(单杯无盅)”基本流程

(1)备具。紫砂壶、品茗杯若干(视人数而定)，杯托若干(视人数而定)、烧水炉组、夹层茶盘、水盂、茶巾(或含茶巾盘)、茶叶罐(含所需茶品)、茶道组、养壶袋、奉茶盘、盖置等。

将紫砂壶放在茶盘后半部；将品茗杯呈斜一字形、品字形或圆弧形等放置在茶盘前半部；茶盘的右侧放置烧水炉组；茶盘左侧依次摆放茶道组、茶叶罐、赏茶荷、杯托等；茶巾(或含茶巾盘)放在冲泡者的右手位，见图 3. 3. 27。

图 3. 3. 27　备具

(2)备水。选用山泉水或矿泉水等，将水烧沸后，保持 95℃以上待用。

(3)翻杯。按从左到右顺序，用单手动作翻品茗杯，即手心向下，用大拇指与食指、中指三指扣住茶杯外壁，向内转动手腕成手心向上，轻轻放下；亦可用双手按由外至内顺序，左右同时翻品茗杯，见图 3. 3. 28。

图 3. 3. 28　翻杯

(4)赏茶。用茶则或茶匙从茶叶罐中取适量茶叶至茶荷，双手将茶荷奉给宾客欣赏干茶外形、色泽及嗅闻茶香，见图 3. 3. 29、图 3. 3. 30。

图 3. 3. 29　赏茶 1

图 3. 3. 30　赏茶 2

（5）温壶。打开壶盖，将沸水注入壶中约一半容量，盖上壶盖，大拇指与中指捏住紫砂壶壶柄，无名指在壶柄斜下方托住，食指按住壶盖的钮，左手托住壶底，按逆时针方向回转手腕温洗茶壶，令壶身均匀受热后，将水倒入品茗杯，以保持杯温，见图 3. 3. 31。

图 3. 3. 31　温壶

(6)置茶。将茶漏置于紫砂壶口，左手持茶匙将适量茶叶拨入壶中，一般按照壶容量的大小茶水比为1g：20~22ml，见图3.3.32。

图3.3.32　置茶

(7)摇香。盖上壶盖，用养壶袋包裹住茶壶，双手捧起茶壶上下摇动茶壶若干次。掀开养壶袋，揭开壶盖，趁热嗅闻干茶香，见图3.3.33至图3.3.35。

图3.3.33　摇香1

图3.3.34　摇香2

图 3. 3. 35　摇香 3

(8)润茶。将沸水注入壶中，约至一半容量，冲水时水线要轻柔饱满。盖上壶盖，再放好汤壶，随即将紫砂壶内的茶汤尽快弃入夹层茶盘，见图 3. 3. 36。本次出汤的速度要快，以尽量减少茶叶内的有效成分浸出。

图 3. 3. 36　润茶

(9)冲泡。将沸水再次高冲入壶，水线要轻柔饱满。用壶盖刮去泡沫，再用沸水淋洗壶盖一圈，盖上壶盖，放置汤壶，待茶叶在壶中浸泡适时，再斟出茶汤，见图 3. 3. 37 至图 3. 3. 39。

图 3. 3. 37　冲泡 1

图 3. 3. 38　冲泡 2

图 3. 3. 39　冲泡 3

（10）温杯。温洗品茗杯。可采用品茗杯套洗法、茶夹夹洗法和浇淋壶身法等手法，见图 3. 3. 40、图 3. 3. 41。

图 3. 3. 40　温杯 1

图 3.3.41　温杯 2

(11)斟茶。浸泡适时后，将紫砂壶中的茶汤慢慢斟入品茗杯中。出茶汤时，紫砂壶与品茗杯的距离要近，以防止茶汤香味和热量散失，亦可防止茶汤溅出或产生泡沫，影响美观和意境，见图 3.3.42。当茶汤斟至不能形成水流时，要轻柔地将紫砂壶里的剩余茶汤尽数点入品茗杯中，这样，既有利于出尽茶之精华，又可避免剩余茶汤长时间在壶中滞留而影响下一泡茶汤的品质，产生苦涩味。

图 3.3.42　斟茶

(12)奉茶。将品茗杯先放在杯托上再放入奉茶盘，排列顺序同布席时茶杯的摆放序列一样，端起奉茶盘走到客席，左手托盘，右手端杯，奉茶给客人，并行伸掌礼，见图 3.3.43；若有助泡，则主助泡配合，由助泡捧奉茶盘，主泡双手端杯(若含杯托，则端杯托)，按主次、长幼顺序奉茶给客人，并行伸掌礼。受茶者点头微笑表示谢意，或答以伸掌礼，这是一个宾主融洽交流的过程。奉茶完毕，主泡(或和助泡)归位。

图 3. 3. 43　奉茶

(13)品赏。端起品茗杯，先观其汤色，再闻其香气，最后品其滋味。趁热品啜茶汤的滋味，体会茶的醇和、清香，深吸一口气，使茶汤由舌尖滚至舌根充分与口腔接触，感受每一分茶汤的滋味，后可静静感悟其回韵，见图 3. 3. 44。

图 3. 3. 44　品赏

(14)收具。茶事完毕，将桌上泡茶用具全收到盘中归放原位，见图 3. 3. 45。行鞠躬礼，退场。

图 3. 3. 45　收具

3.“潮汕功夫”基本流程①

(1)列器备茶。将泡茶所需的器具有序地排列到泡茶席上。所需器具及物品有：茶房四宝(玉书煨、潮汕炉、孟臣罐、若琛杯3)、水盂、杯盘、壶承、茶盅、茶巾数条、茶叶罐、特色点心等。茶品选用“凤凰单枞”或“岭头单枞”为佳。

(2)煮水候汤。静气凝神端坐。将一茶巾(包壶用)放至右腿上，一茶巾(擦杯用)放至左腿上，继而煮水候汤。

(3)烫壶温盅。烫壶温盅的目的是提高茶壶和茶盅的温度。将沸水注入孟臣罐(后称茶壶)中，待壶表面水分吸干后，将壶中之水注入茶盅。温盅，将盅作逆时针转动，以提高盅体温度。

(4)烫杯洗杯。将茶盅之热水注入品茗杯，用套洗法烫洗品茗杯。

(5)干壶置茶。持壶把，将壶口朝下在右腿的茶巾上拍打，待壶中之水滴尽后，松手腕轻轻甩壶，至壶干为止。采用干温润法，将茶叶放进干热的茶壶中烘温；置茶时，以手抓茶叶置入茶壶，凭手之感觉判断茶的干燥程度，以定烘茶时间之长短。置茶量一般为壶的七、八分满。

(6)烘茶冲点。潮汕功夫的烘茶是将沸水浇淋茶壶，靠水温来烘茶。烘茶的目的是驱散茶的陈味和霉味，使香气上扬，并有新鲜感。烘茶后将茶壶捧起，用力摇动，促使壶内的茶均升温；将壶放到壶承上，揭壶盖，提汤壶高冲注入沸水，以沸水的冲力使茶叶在壶内旋转，有利滋味迅速溢出。

(7)刮顶淋眉。刮顶，即用壶盖轻轻刮去冲水时泛起的泡沫；淋眉，即盖好壶盖后，提汤壶向茶壶浇淋沸水，以进一步加温，充分逼出茶香。

(8)摇壶低斟。将壶置于桌上，用包壶茶巾将茶壶包裹，按住气孔提起，快速左右摇晃4~6下；为使每泡茶汤的浸出物均等，在后面各泡摇晃时依次递减1~2下。斟茶，潮州人亦称“洒茶”，即将茶汤低斟到各个品茗杯中；倒茶时须注意将壶中的茶汤倒干净，以免浸坏了茶。斟茶时，亦可将茶壶中的茶汤先倒入茶盅，然后再往品茗杯中“洒茶”。

(9)品香审韵。奉茶后品香审韵。先端杯闻香，即所谓：“未尝甘露味，先闻圣妙香。”品字三个口，因此，品茶一般也分为三口；如果茶汤入口一碰舌尖，便感觉有一股茶气往喉头扩散开来，爽快异常，回甘强烈而明显，这种好茶潮州人称为“有肉”的茶。潮州人将品茶称为“吃茶”，老茶客“吃茶”时往往口中“嗒！嗒!”有声，并连声赞好，以示谢意。

品完头道茶后，可上些有特色的点心。同时重新煮水，茶人们边吃点心边等水沸后再冲第二泡茶。

(10)涤器撤器。潮汕功夫茶以三泡为止，要求各泡茶汤的浓度一致。品完三泡茶后，宾客即尽杯谢茶，泡茶者亦涤器收具。

---

① 百度文库：《茶艺》，http：//wenku. baidu. com/view/a73b1c4369eae009581bec39. html.

四、壶泡法茶艺表演示例

(一)武夷岩茶茶艺(紫砂壶泡法)

1. 选用茶品

武夷岩茶 8~10g。

2. 茶具及道具配备

紫砂壶、若琛杯若干(视人数而定)、烧水炉组、茶船、茶洗、茶叶罐(含所需茶品)、茶道组、香炉、茶巾、奉茶盘等。

3. 择水

武夷山泉，水温 95℃以上。

4. “武夷岩茶茶艺”演绎流程①

武夷岩茶茶艺原为二十七道程序，合三九之道。为了方便表演，通常将其中的第一道恭请上座、第十八道初品奇茗、第十九道再斟兰芷、第二十道品啜甘露、第二十一道三斟石乳、第二十三道敬献茶点、第二十四道自斟慢饮、第二十五道欣赏歌舞、第二十六道游龙戏水等九道程序删除，形成十八道程序的武夷岩茶茶艺。

(1)焚香静气——点香。武夷岩茶茶艺追求一种宁静的氛围，焚点檀香，造就幽静、平和的气氛。品茶先品人，品茶讲人品，品茶者应矜持不躁，这样才可以体现传统茶德，信奉人与人之和美、人与自然之和谐。

(2)丝竹和鸣——播乐。轻声播放民族古典音乐，使品茶者进入品茗的精神境界。

(3)叶嘉酬宾——赏茶。宋代诗人苏东坡以拟人笔法将武夷岩茶名为“叶嘉”，意为茶叶嘉美。叶嘉酬宾即出示武夷岩茶给来宾观赏。

(4)活煮山泉——煮水。泡茶以山溪泉水为上，用活火煮到初沸为宜。

(5)孟臣沐霖——温壶。惠孟臣为明代紫砂壶制作家，以擅制小壶驰名于世，这种小壶特别适合泡饮功夫茶，后人称之为“孟臣壶”。

(6)乌龙入宫——置茶。武夷岩茶臻武夷山川之精气所钟，独具岩骨花香，被誉为中国乌龙茶之珍品。我们将通过茶斗和茶勺将武夷岩茶引入紫砂壶。宫，即为紫砂壶的喻称。茶叶量一般为茶壶的 1/3；亦可因人而异，嗜浓则多投，喜淡则少放。

(7)悬壶高冲——冲泡。泡茶讲究高冲水低斟茶，高冲可使茶叶翻动，易于香味浸出。

(8)春风拂面——刮沫。用壶盖轻轻刮去茶表面的茶沫，喻为春风拂面。

(9)重洗仙颜——淋壶。武夷山上有一石刻，题为“重洗仙颜”，寓意洗涤凡尘。此处取其意，用沸水浇淋茶壶，既可烫洗茶壶表面，又可提高壶温。

(10)若琛出浴——烫杯。若琛出浴即温烫茶杯。若琛为清初景德镇烧瓷名匠，善制小巧玲珑之茶杯，薄如蝉翼，色泽如玉，极为名贵，后人将泡饮功夫茶的白瓷小杯称

---

① 黄贤庚:《关于编撰“武夷茶艺”的记忆及感想》,《农业考古》2001 年第 4 期。

为若琛杯。

(11)游山玩水——干壶。将茶壶底靠茶盘沿旋转一圈，后在茶巾布上吸干壶底茶水，防止滴入杯中。

(12)关公巡城——出汤。出汤时，为了避免茶汤浓淡不均，应持茶壶匀速往各杯巡回斟倒。

(13)韩信点兵——点斟。壶中茶水剩下少许时，则往各若琛杯点斟。

(14)三龙护鼎——持杯。即用拇指、食指扶杯，中指托住杯底，此握杯法既稳当又雅观。

(15)鉴赏三色——观色。认真观看茶水在杯里的上中下的三种颜色。

(16)喜闻幽香——闻香。即嗅闻岩茶的香味。

(17)领略岩韵——品味。观色、闻香后，慢慢领悟岩茶的韵味。

(18)尽杯谢茶——谢茶。起身喝尽杯中之茶，以谢茶人与大自然的恩赐。

(二)普洱熟茶茶艺(紫砂壶泡法)

1. 选用茶品

普洱熟茶茶饼。

2. 茶具及道具配备

紫砂壶、玻璃公道杯、茶滤(含滤架)、烧水炉组、玻璃品茗杯若干(或内壁纯白的紫砂品茗杯)、茶道组、香炉、茶巾、奉茶盘、水盂、茶盘等。

3. 择水

清冽甘甜的泉水；水温100℃。

4. "普洱熟茶茶艺"演绎流程

(1)焚香静气敬茶仙。在茶艺表演之前敬茶仙，感谢茶仙赐予的灵物——茶。

(2)纤手插花展仙姿。以高山杜鹃、报春花等野外采集的鲜花花材制作插花作品，展示人与自然和谐发展的理念，并使茶事环境更加典雅，给人以美的享受。

(3)鉴壶赏器思悠悠。选用宽肚厚胎的紫砂壶冲泡熟饼茶，蕴育茶香、滋蕴茶汤；用晶莹剔透的玻璃公道杯欣赏汤色；以充满现代感的玻璃品茗杯展示红浓明亮的汤色，品味陈韵，则可尽享普洱熟饼的别样韵味。

(4)云开雾散见圆月。古雅质朴的纸质包装，犹如云雾笼罩，去除包装后，茶饼圆如皓月的造型，褐红油润的茶面，别有韵味的陈香，给人带来别样的感受。

(5)沸煮甘泉听松风。选择清甜甘冽的山泉水来泡普洱茶，水煮至二沸，壶中犹如松风鸣响，意蕴深长。

(6)温壶烫盏表敬意。用煮沸的清泉水温壶烫杯，既可提高器皿温度，更好地展现茶叶的品质，又可再次清洁杯具，表示对各位嘉宾的敬意。

(7)涤尘洗颜现真身。将茶饼小心解散，按1∶30的茶水比投入紫砂壶中，先倒入适量的沸水，快速将水沥去，洗净茶尘，去除茶叶上的陈杂气味，以便在冲泡时获得茶的真香本味。

(8)高山流水觅知音。悬壶高冲，水流带动茶叶在壶中旋转，加速茶叶内含物质的溶出，以获得茶叶的真香本味。

(9)流霞沉醉水晶杯。将茶汤倒入公道杯中，再分入玻璃品茗杯，晶莹剔透的玻璃杯与茶汤相互映衬，茶汤红浓明亮，宛如流霞，令人沉醉。

(10)玉露琼浆敬宾客。身着民族服装的茶艺师，手捧茶杯，步履轻盈地走来，将茶一一敬给各位宾客。

(11)轻啜细品乐无穷。普洱茶汤晶莹红亮，滋味醇厚甜润，陈香持久，韵味独特，令人久饮不疲。衷情珍普芳香味，神怡心爽赛神仙。爱惜浅尝唯恐尽，白头意倾普洱缘。请各位宾客轻啜茶汤，细品茶韵。

(三)红茶清饮茶艺(玻璃壶泡法)

红茶清饮，即在茶汤中不加任何调料，使茶发挥本身固有的香气和滋味，追求茶的真香本味的饮用方法。中国的大多数地方，品味红茶以清饮为主。

1. 选用茶品

小种红茶，投茶量视壶的容量而定，也要视不同饮法而有所区别，一般清饮时投茶量较少，以茶水比1∶50~60较为适宜。而调饮法的投茶量要适当加大，像奶茶、柠檬冰红茶等投茶量可加倍。

2. 茶具及道具配备

玻璃壶、品饮水晶杯若干(视人数而定)、烧水炉组、水盂、茶叶罐(含所需茶品)、茶道组、茶荷、杯托、茶巾、奉茶盘等。

3. 择水

武夷桐木高山泉水，水温95℃以上。

4. “红茶清饮茶艺”演绎流程

(1)静心煮甘泉——煮水。今天我们选取自正山小种产地武夷桐木的高山泉水。武夷桐木山美水美，时时闻鸟鸣，处处有泉涌。用当地的水泡茶，更能充分领略正山小种独特的韵趣。

(2)净手去浮沉——洗手。让我们用清净的心、洁净的手来泡这稀世的好茶。

(3)恭心迎茶后——取茶。武夷桐木正山小种，漂洋过海，成为欧洲帝皇、王公间馈赠的珍品。

(4)公主得奇珍——赏茶。葡萄牙公主凯瑟琳得到这种茶异常欢喜，将它作为美容、提神的珍稀物，每日饮用。

(5)精备水晶殿——温具。这道程序表现了公主因喜爱这种茶而准备了极为高贵而优雅的茶具，珍爱有加，细心呵护，洁净茶具。

(6)瑰宝入皇宫——置茶。茶导入壶中，香飘满室。就如同凯瑟琳公主嫁给英皇查理二世时，把这种茶作为陪嫁带到了英国，并在盛大的婚礼上以茶代酒，使得英国贵族竞相效仿。后来安妮女王提倡以茶代酒，从此喝红茶成了皇室家庭生活的一部分。

(7)流年似流水——冲泡。时光如水，据考证，17世纪欧洲市场上的武夷茶就是现在的正山小种。世界红茶由它衍生而来，并风靡世界。

(8)流光溢华彩——出汤。红艳明亮的茶汤，进入玻璃茶盅，晶莹剔透，流光溢彩。

(9)红霞耀美人——分茶。富有光泽的金黄色茶汤均分至各水晶杯中，通透的水晶杯衬托出红茶红亮的汤色，绚丽如钻，美艳动人。

(10)静心享天香——闻香。这是桐木独特的味道，是山灵水明、野花相伴的味道，是大自然纯净天然的味道。

(11)细品茶中味——品茶。品山、品水、品不尽茶中滋味。愿这杯味浓香永的茶汤，能让您口齿留香、暖意浓浓、回味无穷。

(四)红茶调饮茶艺(瓷壶泡法)

调饮法：即在茶汤中加入各种配料，以佐汤味的一种饮用方法。我国最早饮用茶叶时，将姜、椒、桂等和而烹之，即属于调饮法。我国许多地方都有用茶叶和姜、蔗糖加水煎煮饮用治疗疾病的习惯，谓之“姜茶饮方”。红茶广效兼容，调饮红茶可用的辅料极为丰富，调出的饮品多姿多彩，风味各异，深受现代各层次消费者的青睐。红茶调饮是一种时尚，在欧美的许多国家，调饮法非常盛行。有一首英国民谣这样唱道：“当时钟敲响四下时，世上的一切瞬间为茶而停。”听着就让人禁不住对红茶时光无限向往。时光流转，典雅的红茶已经从贵族的专属享受变成了一种流行时尚，调饮红茶成了英式精致闲适生活的代名词。调饮红茶常用牛奶、柠檬片、朗姆酒或白兰地等。如果你喜欢享受内心的宁静和温馨的氛围，可时常动手调制一杯红茶，体味那幽雅浪漫的闲适时光。

红茶调饮时，一般采用壶泡法冲泡，有时投茶量需加倍。品茗杯则多选用稍大的有柄托的瓷杯或各种造型工艺玻璃杯，可观赏汤色变化为佳。同时，调饮红茶时可做一定的装饰，以营造一种特别的意境和情趣。

调饮时可选用流行轻音乐，以营造时尚浪漫温馨的氛围，下面以奶红茶为例进行介绍。奶红茶在欧美国家较为流行。将茶汤与牛奶、糖调和以后，茶汤别有滋味，同时营养更加丰富，故颇受欧美国家各族人民的欢迎，饮用奶红茶成为一种时尚。英国人调奶红茶通常先倒奶入杯，再冲进热茶水，最后加糖(也可由客人自己根据需要加)。程序不可弄反，否则会被认为没有教养。

1. 原料准备

工夫红茶或红碎茶适量，牛奶适量(或奶粉、奶油)，白砂糖或方糖适量。

2. 茶具及道具配备

奶锅、白瓷茶壶、瓷咖啡杯若干(视人数而定)、小匙若干(视人数而定)、烧水炉组、玻璃公道杯、茶滤(含茶滤架)、茶盘或水盂、茶叶罐(含所需茶品)、茶道组、奶罐、糖罐、茶巾、茶荷、奉茶盘等。

3. 择水

矿泉水，水温95~100℃。

4. “奶红茶茶艺”演绎流程

(1)备具列器。在悠扬的轻音乐声中将所需茶具摆放好。

(2)煮水候汤。将泡茶所需的水煮上。

(3)温煮牛奶。在煮水的同时用奶锅将牛奶煮到60~70℃，然后倒入奶罐中。

(4)精选红茶。将适量茶叶取出，放入茶荷中。

(5)温壶烫杯。将茶壶及其杯具温洗一遍，既可提高器皿温度，又起到再次清洁的作用。

(6)投茶入壶。按茶水比为1：25~30的比例将适量茶叶轻轻拨入壶中。

(7)冲泡红茶。用水温为95~100℃的水冲泡红茶。采用高冲法，使水流带动茶叶在壶中旋转，加速茶叶内含物质溶出。

(8)浸润红茶。盖上壶盖，浸润数分钟，以使茶中物质充分浸出，使茶汤色艳、香郁、味浓，加入配料后仍能保持自身的香气滋味。

(9)注茶入杯。将温热的牛奶缓缓注入茶杯中。

(10)出汤分茶。用茶滤将茶汤过滤入公道杯中，再将茶汤均匀分到已加好牛奶的品茗杯中，然后在茶杯中添加适量方糖或白砂糖。

(11)礼敬宾客。即奉茶。将奶红茶一一敬献给各位宾客。敬茶时，可加一把小匙，以便宾客在饮用时搅拌奶茶。

(12)闻香品味。奶红茶乳香茶香交融，茶味奶味调和，口感丰富，营养全面。一杯热气腾腾的奶茶，既可解渴又可充饥，在严寒的冬日，可使人感到分外温暖，感受到生活的宁静甜美。

(13)谢客收具。品完奶红茶，大家一定会喜欢上这种温馨浪漫的情调、时尚迷人的风味，希望大家常常穿越时空，体会红茶魅力，享受时尚生活。

思考与实操练习

1. 冲泡绿茶时，如何选择正确的投茶方式？
2. 冲泡普洱生茶和熟茶有何不同？
3. 什么是“杯泡法”？
4. 什么是“盖碗泡法”？
5. 什么是“壶泡法”？
6. 潮汕功夫茶艺中的“茶房四宝”是指什么？
7. 什么是红茶茶艺的清饮法？什么是调饮法？
8. 请设计一款调饮红茶。
9. 请实操练习以下各项基本流程：

(1)杯泡法；(2)盖碗冲泡茉莉花茶；(3)盖碗冲泡红茶；
(4)台式功夫；(5)闽式功夫；(6)潮汕功夫。

第四章

仿古茶艺

仿古茶艺是以历史相关人物、现象、事件等资料为素材，经艺术加工与提炼而成，以再现古人的饮茶活动，具有深厚的历史文化底蕴。当今，人们在物质生活日益满足的同时，也在追求精神生活的提升，不少饮茶爱好者开始试图通过模仿古人的饮茶方法，来体验一种新的饮茶乐趣。为此，各种仿古茶艺表演也成为人们的新宠。在进行仿古茶艺表演时，要遵循几个基本要求：一是风格古朴、典雅，具备仿古的特性；二是内容应反映历史的真实性，特别是在环境布置、器皿的材质、花色、图案、服装、音乐及冲泡方式等方面要能体现当时的风格特点；三是要有现代创新意识，在不违背前人、不失古朴风格的基础上，适度进行手法、表演动作的创新。

仿古茶艺主要类型有：宫廷茶艺、文士茶艺和仿宋点茶等。

第一节 宫廷茶艺

宫廷茶艺是我国古代帝王为敬神祭祖或宴赐群臣进行的茶艺，以帝王权臣为主，宣扬雍容华贵、君临天下之观念。宫廷茶艺的特点是场面宏大、礼仪烦琐、气氛庄严、茶具奢华、等级森严且带有政治教化、导向等色彩，再现了宫廷礼仪、服饰以及饮茶器具等历史文化内容。具代表性的宫廷茶艺有唐代的清明茶宴、唐玄宗与梅妃斗茶、东亭茶宴，宋代的皇帝游观赐茶、视学赐茶，以及清代的千叟茶宴等。本书以唐代宫廷茶艺为代表进行讲述。

唐代是我国封建社会发展的鼎盛时期，国家富强，天下安宁，社会、经济、文化等方面都走在世界前列。茶文化兴起并渗透到朝廷高层，饮茶成为唐代宫廷生活中不可或缺的一环。皇帝和臣子们文会时，宫女要随时以茶汤伺候；皇帝亲自主持殿试时，会赐饮茶汤于及第的文人。宫廷在一片祥和的茶文化氛围中，体现君臣之间的融洽。

唐代宫廷茶艺按聚会主体和规模可分为宫女自娱、内廷赐茶、清明茶宴等三种形式。

一、宫女自娱

由于特殊的历史原因，帝王后宫嫔妃众多，但能得到皇帝宠爱的只是极少数，大多数人虽然物质生活丰足奢侈，但精神生活极度空虚，在这种情况下，淡泊宁静的茶道文化首先受到她们的重视。在众多诗文、绘画作品中也有体现，如初唐画家周昉的《调琴啜茗图》就是描绘唐代宫廷贵妇品茗听琴的悠闲生活，见图 4. 1. 1。画中五位女性，中间三人系贵妇，一人抚琴，二人倾听；抚琴者坐在磐石上拨弦调音；红衣贵妇坐在圆凳上，边注视着抚琴者，边执茶盏作欲饮之态；白衣贵妇坐在椅上侧身听琴。左侧侍女手托茶盘，右侧侍女手捧茶碗，双向立于两旁。饮茶与听琴集于一画，说明饮茶在当时的文化生活中已有相当重要的地位。此画应是当时宫廷仕女茶道的最早表现。

图 4. 1. 1　调琴啜茗图

而唐代佚名人物画《宫乐图》(见图 4. 1. 2) 中，从其衣着装饰、陈设来看就是唐代宫廷仕女的饮茶场面。这是最早的碗泡法，长案正中置一大茶海，茶海中有一长柄茶勺，一女正操勺，舀茶汤于自己茶碗内，另有正在啜茗品尝者，也有弹琴、吹笙吹箫者，神态生动，从图中可以看出其饮茶之情趣。

图 4. 1. 2　宫乐图

二、内廷赐茶

唐朝皇帝喜好博览群书，喜欢与文人学士们谈论文章，又因其喜好饮茶，重茶道，所以在谈论结束后，常与文臣们同座在内廷，赐茶与君臣同品茶味，领略茶的真香真味。

三、清明茶宴

清明茶宴大约源于汉以来长安城流行的清明节，是汉代以来以长安城为中心的关中的习俗，在节前，人们准备菜果、佳肴来祭祀天地、祖先，这一节日同时受到宫廷的重视。每年新茶采摘后，两州刺史各率茶博士、乐人、舞伎及春茶前来举行茶道聚会，各显茶艺、斗比茶汤，从而形成定制。清明茶宴大约是宫廷礼官根据都城节日习俗和贡茶区茶宴定制的新的宫廷大型朝仪，是茶道文化宫廷化的重要标志。在唐代，每年4月5日清明节，皇帝要举行盛大的茶宴来招待群臣。从史料记载中可发现，唐代的清明茶宴场面宏大，侍从多，同时伴有音乐和歌舞，并由朝中的礼官主持这一盛典，较注重宫廷礼仪。较突出的是茶宴中有花样繁多的茶点，这是宫廷茶道中不可缺少的，主要分茶食和茶果两种，一种是食物，另一种是水果，奢侈富丽，千姿百态。

四、唐代宫廷茶艺示例

1. 主题、选材

“唐宫清明茶宴”：在唐代宫廷茶艺中，清明茶宴最具代表性。皇帝每年都要在清明节时取贡茶摆设盛大茶宴，敬神祭祖，款待近臣宠侍，借以联络感情，宫内宫外也无不以能够参加皇家清明茶宴为荣。“唐宫清明茶宴”使人们可以从茶艺表演中重睹大唐皇家的宫廷礼仪、宫廷服饰和豪华的饮茶器具，再现历史文化内容。

2. 选用茶品

选用蒸青明前绿茶压制的团饼茶。

3. 茶具配备

鎏金伎乐纹调达子、摩羯纹蕾纽三足架盐台、金银丝结条茶笼、鎏金壶门座茶碾、鎏金仙人驾鹤纹壶门座银茶罗、鎏金飞鸿纹银匙、鎏金飞鸿纹银则、鎏金银龟盒、系链银火筋、鎏金人物画银坛、鎏金银波罗子等。①

4. 茶席、场景

由于宫廷茶艺中所使用的器皿材质、色泽、造型等已精美绝伦，故在茶席设计上不宜有过多的装饰。为体现皇家风范，可用具有皇家黄袍色泽的桌布铺设，简单装饰刺绣牡丹花。因桌面已摆放各种冲泡器皿，故不再用其他饰品进行装饰。

5. 表演人员

主泡（茶博士）一人，由男士担任，负责专门为皇帝煮茶的整个过程；副泡若干人，多为女性。

6. 服饰

服装为唐装风格。主泡（茶博士）头戴幞头纱帽，身着圆领袍衫。副泡着唐代宫廷仕女服饰。

7. 音乐

采用中国古典唐代宫廷音乐或有唐代宫廷元素的音乐。

---

① 韩生：《法门寺地宫唐代宫廷茶具》，《收藏家》2002年第1期。

8.“唐宫清明茶宴”演绎流程①

(1)赏器。“唐宫清明茶宴”所用器皿是根据 1987 年陕西省法门寺出土的唐代皇帝使用过的金银茶具仿制的，器皿金碧辉煌，显示出大唐盛世的皇家气派。

器具有：鎏金银茶罐(用来盛装茶饼)、金银丝结条茶笼(茶饼用火烘烤后放入其中备用)、鎏金壶门座茶碾(茶饼烘烤后，放在茶碾中碾成碎末)、鎏金仙人驾鹤纹壶门座银茶罗(碾过的茶末要放在茶罗中筛成很细的茶粉)、鎏金银龟盒(筛过后的茶粉放在龟盒中备用)、摩羯纹蕾钮三足架盐台(装盐的器具)、琉璃托盏(上面是茶杯，用来装茶汤，下面是茶托，托住茶杯以防烫手)。

(2)涤器。洗涤茶杯。用开水清洗茶杯。

(3)炙茶。烘烤茶饼。在煮茶之前，先将团饼茶放在炉火上烘烤，烘烤好的团饼茶放在茶笼里备用。

(4)碎茶。将烘烤后的团饼茶装在纸囊中用木槌敲成碎块。

(5)碾茶。将敲碎的团饼茶放到茶碾中碾成茶末。

(6)罗茶。将碾过的茶末放到茶罗中筛成很细的茶粉。

(7)置茶。置放茶粉。将筛过的茶粉倒进龟盒中备用。

(8)煮茶。煎煮茶汤。唐朝人饮茶对水的要求非常高，自然对煮水这一程序也十分重视。风炉上锅里的水第一次烧开，冒出的水珠如鱼目蟹眼一样大小，称为一沸，这时舀一勺盐倒入水中；当锅里的水第二次烧开，水泡如涌泉连珠，称为二沸，这时茶博士要舀出一瓢水备用，用竹夹在锅中循环击打，使锅里的水形成漩涡，再舀一勺茶粉从漩涡中心倒下去；当锅中的水第三次烧开，水面如腾波鼓浪，称为三沸，这时，茶博士将之前舀出的那瓢水倒进锅里，这样茶就煮好了。

(9)分茶。茶博士将锅里的茶汤舀入琉璃茶杯中。

(10)品茶。品尝茶汤的时候要先观色，后闻香，再细细品尝滋味。

第二节　文士茶艺

文士茶艺是在历代儒士们品茗斗茶的“文士茶”基础上发展起来的茶艺。文士茶，亦称“雅士茶”，主要流行于江南文人雅士云集地区，以文人雅士为主，追求“精俭清和”的精神，茶席多以书、花、香、石、文具等为摆设，注重茶之“品”。文人品茶追求高雅之趣，所以文士茶艺以儒雅风流为特征，讲究“三雅”，即饮茶人士之儒雅、饮茶环境之清雅、饮茶器具之高雅，追求“三清”，即汤色清、气韵清、心境清，以达到物我合一、天人合一的境界。

一、文士茶艺的历史渊源

文士茶艺始于唐代陆羽、卢仝、皎然等人。在唐朝，饮茶文化盛行之时，除了宫廷

① 纪录片《中华茶道》，大连音像出版社 2012 年版。

茶道尤为突出外，其文人饮茶也已凸显端倪，而文人饮茶对品茗之人品、茶品、茶具、用水、品茶的环境等都十分讲究，由此就构成了文士茶艺的饮茶风格及特征。后经宋代梅尧臣、苏轼、黄庭坚，明代朱权、文徵明、唐寅及清代周高起、李渔、张潮等文人倡导，日臻完善。

文士茶艺主要表现的是文人饮茶的情趣，活动的主要内容有诗词歌赋、琴棋书画、清言对话等。比较有名的有唐代吕温写的三月三茶宴、颜真卿等名士在月下啜茶联句、白居易的湖州茶山境会以及宋代文人在斗茶活动中所用的点茶法、瀹茶法等。明代后期的文士茶也颇具特色，其中尤以"吴中四才子"①最为典型。如文徵明的《惠山茶会图》(见图 4. 2. 1)《陆羽烹茶图》《品茶图》，唐寅的《烹茶画卷》《品茶图》《琴士图卷》《事茗图》等图，描绘了高士或于山间清泉之侧抚琴烹茶，泉声、风声、古琴之声，与壶中汤沸之声合为一体；或于草亭中相聚品茗；又或独对青山苍峦，目送江水滔滔。

图 4. 2. 1　惠山茶会图

二、文士茶艺的特点

文士茶艺的特点是文化内涵厚重，品茗时注重意境静雅，茶具精巧典雅，讲究饮茶意境，气氛轻松怡悦，活动的主要内容有诗词歌赋、琴棋书画、清言对话，以怡情养性为目的，修身养性之真趣，更注重同饮之人。

三、文士茶艺示例

1. 主题、选材

"文士雅韵"，明代的文人把饮茶之事发挥到极致，形成了文人雅士的茶文化，讲

① "吴中四才子"，指文徵明、唐寅、祝允明和徐祯卿四人。

究品茶的意境、环境，茶具的高雅、茶叶形态的优美等。“文士雅韵”以大自然景物为背景，茶艺师身着素色青裳罗裙，静心冲泡、品尝，以体现文人品茶中高雅的意境，升华到高级的艺术享受。

2. 选用茶品

毛尖或高档绿茶。

3. 茶具配备

青花瓷茶具，包括青花瓷水壶、青花瓷盖碗、青花瓷茶盅、青花瓷茶叶罐、青花瓷水盂、茶则、茶匙等。

4. 茶席、场景

文士茶艺讲究风格素雅，故在茶席设计方面主要以书、花、香、石、文具等五样为摆设，如放上一个白瓷细嘴高身花瓶，插上一枝颜色素净的花，摆一个白瓷香炉，点一支香气淡雅的香等。

5. 表演人员

表演文士茶艺的茶艺师男女皆可，但对气质有所要求，女性温婉灵气，男性书卷气息中略带阳刚之气；其表演动作应大方得体，不能过于矫揉造作。人员为主泡一人，副泡 2~3 人。

6. 服饰

明代服饰，颜色不宜艳丽，花饰宜简单；女性身着青裳罗裙，男性着深色长衫。

7. 音乐

选用古琴或古筝曲为宜，如春江花月夜；条件许可，可采用现场演奏。

8. 文士茶艺“文士雅韵”演绎流程

(1)焚香静气。中国传统讲究拜天、拜地、拜祖先。在文士茶中，也要拜天地和茶圣陆羽。

(2)净手示礼。主泡在泡茶前要净手，以表示对品茶者的礼敬。

(3)静心备具。将冲泡器皿一一布放。

(4)鉴赏佳茗。鉴赏茶叶，将茶叶罐中的茶叶拨入茶荷中，供品茗者观赏干茶的外形，嗅闻干茶的香气。

(5)温润盖瓯。烫洗盖碗。

(6)清茶入则。置茶，将茶叶罐中的茶叶拨入茶则中，再投入盖碗中。

(7)瓯中蕴香。先往盖碗中注少量水，盖上盖子，托起盖碗，逆时针转动碗身，起到润茶、蕴香的作用。

(8)凤凰点头。连续做三次悬壶高冲的动作，以表示对来宾的再三致意。

(9)敬奉香茗。奉茶，将泡好的茶奉给品茗者品鉴。

第三节　仿宋点茶茶艺

点茶法是宋代独特的饮茶方式，其基本手法是将团饼茶碾碎成末后置入茶盏中冲点，并使茶筅将茶汤击打成丰富的泡沫后饮用，与唐代的煮茶法截然不同。点茶法中的分茶手法是巧妙地利用茶汤的纹脉勾勒出栩栩如生的文字和图像。这种以泡沫表现字画的独特艺术形式亦称茶百戏，极具艺术欣赏性。

一、仿宋点茶历史渊源

宋代茶艺是在唐代茶文化广泛普及的基础上发展起来的。宋代茶叶生产技术发生变革，在福建产生了新的茶饼生产技艺，称为建州蜡面茶，主要作为帝王赏赐臣民的物品。同时建州所产之茶由于茶品质量好，且产茶季节正好赶上清明祭祀，故用建州茶作为贡品进贡，也被称为建州贡茶。宋代的建州茶生产技术发展较快，为了将贡茶与百姓饮用之茶在形式上有所区别，龙凤团茶应运而生。而宋代团饼茶的生产业带来了茶艺的全面革新，即出现了点茶法①。

二、仿宋点茶的特点

点茶法源于福建，其特点是在茶盏中搅拌形成丰富的泡沫，与唐代的煮茶法形成鲜明的区别，见图 4.3.1。主要是用沸水冲点抹茶，并打成泡沫。在点茶前要先煎水，随后将研磨后的茶粉放入茶盏中，先加入少量沸水调匀后，再往茶盏中注入沸水搅拌。点茶法发展后成为宋代茶百戏的技术基础。②

图 4.3.1　点茶

① 章志峰：《茶百戏——复活的千年茶艺》，福建教育出版社 2013 年版。
② 章志峰：《茶百戏——复活的千年茶艺》，福建教育出版社 2013 年版。

三、仿宋点茶示例

1. 主题、选材

主要以表现宋代人饮茶方法为主，凸显点茶技艺。

2. 选择茶品

古代点茶主要采用以绿茶加工成的团饼茶，现在已发展到六大茶类。

3. 茶具配备

(1)茶炉。煮水和烤炙饼茶用。

(2)茶铃。用于夹取饼茶，在微火上炙烤，可为竹制或金属制品。

(3)茶臼。用于初步捣碎饼茶。

(4)茶碾。用于将初步捣碎的饼茶碾细。蔡襄主张用银质或铁质的，也可用铜质的，但忌用生铁。茶磨与茶碾同功用，但较茶碾更易于操作。

(5)茶罗。用于过筛碾磨过的茶粉，宋人要求茶罗以绝细为佳。

(6)茶瓶。用于煮水和冲点抹茶，口小腰细，瓶嘴有弧线，使水流细和注汤准确，可为金属或陶瓷制品。

(7)茶筅。用于搅拌和击拂茶汤，竹质。

(8)茶盒。用于存放碾细过筛的抹茶。

(9)茶盏。用于点茶的茶具。宋人推荐用兔毫盏，壁厚利于保温，色黑便于显现茶的汤色。现代由于茶类品种多，在用红茶和乌龙茶等较深色的茶类点茶分茶时，可选用白色等浅色的容器。

(10)水盂。盛放冲洗过茶具的废水。

(11)盏托。用于放置茶盏，可使献茶时庄重典雅。

(12)筅架。用于放置茶筅和茶勺。

(13)茶巾。用于擦拭茶具，辅助点茶。

(14)茶勺。用于量取抹茶。

(15)茶帚。用于扫集抹茶(茶粉)。

(16)都兰。用于盛放茶具的盒子。

4. 茶席、场景

仿宋点茶的茶席设计以简朴、典雅为主，桌面不做过多繁杂的铺设，可考虑用竹垫局部铺垫，较注重插花，同时可用字画作为背景。

5. 表演人员

表演由一人独自完成。

6. 服饰

着宋代服饰。

7. 音乐

采用中国宋代古典音乐，音乐风格静雅。

8.“仿宋点茶”演绎流程①

该流程艺术性地再现点茶全过程，和现代的泡茶茶艺不论茶具和方法都有较大区别。

(1)焚香静心。焚点盘香清净身心。

(2)文烹龙团。文火烘烤饼茶。龙团是宋代闽北的重要贡茶。

(3)臼碎圆月。用茶臼捣碎饼茶。古代茶饼成圆形、色淡，古人雅称圆月。

(4)石来运转。用茶磨碾细茶粉。茶磨，古人雅称石转运。

(5)从事拂茶。用茶帚扫集茶粉。茶帚，古人雅称宗从事。

(6)枢密罗茶。用茶罗筛取拂茶。茶罗，古人雅称罗枢密。

(7)兔瓯出浴。用沸水烫淋茶盏。宋人点茶常用建窑胡兔毫盏，又称兔瓯。

(8)麯尘出宫。将抹茶加入茶盏。抹茶呈粉状，古人雅称麯尘。

(9)茶筅击拂。用竹筅搅拌茶汤。

(10)持瓯献茶。将茶盏放入茶托献给来宾。

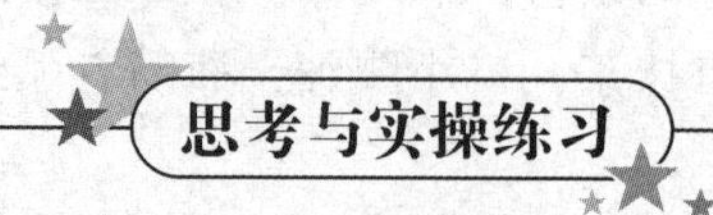

思考与实操练习

1. 什么是仿古茶艺？
2. 仿古茶艺表演的基本要求有哪些？
3. 宫廷茶艺的特点有哪些？
4. 文士茶艺讲究哪些风格特点？
5. 文士茶艺的“三雅”、“三清”分别指什么？
6. 试分析点茶与分茶之间的关系。

---

① 章志峰：《茶百戏——复活的千年茶艺》，福建教育出版社2013年版。

第五章

民 俗 茶 艺

中国饮茶历史最早，所以最懂得饮茶真趣。客来敬茶，以茶示礼，以茶代酒，历来是我国各民族民间的高尚礼节、饮茶之道。民俗茶艺是根据我国民族传统的地方饮茶风俗习惯，经艺术加工与提炼而成，以反映民族民间的民俗茶文化。我国是个多民族国家，各民族兄弟对茶都有着共同的爱好与需求，他们以茶为药，以茶为菜，以茶作为民族文化的载体，在这广袤的大地上，经过悠久历史的演变与长期的饮茶实践，各民族之间、本民族之间千里不同风，百里不同俗，形成了各自不同的、有独特韵味的饮茶习俗。这些民族民间民俗茶艺表现形式多姿多彩，清饮混饮不拘一格，茶礼各具情趣，有着极广泛的群众基础。体验民族民俗茶艺，更能深刻地感受到他们对生活体验的独特韵味。

第一节　汉族民俗茶艺

汉族喜爱饮茶已成风气，饮茶方式大多为清饮。人们在品茗时，重在意境，以鉴别香气、滋味，欣赏茶姿、茶汤，观察茶色、茶形为目的，自娱自乐；急于解渴时，则手捧大碗大杯连饮带咽。长期以来，根据各地民众的民间生活习惯，逐渐形成各自的饮茶习俗，如北京大碗茶、昆明九道茶、羊城早市茶、成都盖碗茶等；在民间，还存在着独特的茶俗活动，如擂茶、新娘茶、农家茶等。

一、擂茶茶艺

1. 主题、选材

擂茶迎宾是客家人保有的一种独特待客饮茶文化。所谓擂茶，即是将一些富有营养的食品与茶叶放入一种特制的擂钵中擂烂，再加入糖或盐用开水冲泡，调制而成。擂茶亦称“三生汤”，这是因为擂茶最初所使用的主要原料是茶叶、生姜、生米。擂茶在基本配料的基础上，一般会根据季节的变化和宾客的口味灵活调整配方，具有咸、香、甜、苦、甘等多种味道，有生津止渴、消滞解暑等功效，吃擂茶时会有喉咙清爽、精神气爽的感觉。作为中国古老茶文化中独特的一种，擂茶在中华饮食文化中具有十分重要的历史、文化和社会价值。现今，擂茶主要流行于我国南方客家人居住区，在福建省的将乐、宁化、泰宁，广东省的陆丰、陆河、揭西，江西省，湖南省以及台湾地区的新竹、桃园、台北、花莲、台中、高雄等地的客家仍然保留着这种美味文化。以下主要介绍将乐客家擂茶茶艺。

(1)历史渊源。擂茶的历史渊源可追溯到汉代。相传汉时伏波将军马援受汉武帝之命远征交趾，途经湘、粤边界，因南方气候炎热潮湿，北方将士多染瘟疫病倒，危急之时，一白发客家老妪献上家传秘方，取生米、生姜、生茶各十石，擂捣成糊状后，以开水冲泡成“三生汤”给将士们饮用，将病治愈，擂茶也因此代代相传。又传三国时期，张飞带兵进攻武陵壶头山(今湖南省常德县境内)，正值炎夏酷暑及瘟疫蔓延，致使众将士多数染疾，连张飞本人也未能幸免；此时，有一老中医献上擂茶秘方将众将士的病治好，张飞感激万分，称老汉为"神医下凡"，说能得到他的帮助"实是三生有幸"！此后，人们也将擂茶称为"三生汤"。这都是传说，现在普遍认为：早期的擂茶是中原人将青草药擂烂冲服的"药饮"，在宋代被称为"茗粥"。擂茶的制法和饮用习俗，随着客家先民的南迁，传到闽、粤、赣、湘、台等地区并得到改进和发展，形成了不同的风格。客家人在流迁过程中，艰辛劳作，容易"上火"，为防止"六淫"致病，经常采集清热解毒的青草药制药饮，"茶"就是其中的一味，后又有人在药饮中添加一些食物，便改良成了乡土味极浓的家常食饮。劳动归来，美美地享用一碗，甘醇的清流沁人心脾。如果用来淘饭，一股馨香，格外爽口。逢有客到，一勺笊饭，一把炒豆，搅入茶中，便可招待。令人称绝的是擂茶不排斥任何"飨料"，几乎所有的食物都可加入，可荤可素，可粗可精，农家取材，极为方便。将乐擂茶是唐代末期客家人第二次南迁时传入的，至今已盛行1000多年。在将乐城乡，家家户户备有擂茶工具，请吃擂茶是当地人的生活习俗中最普遍、最隆重的一种待客礼节。

(2)制作方法。明代朱权所著的《瞿仙神隐》中具体记载了擂茶的制法：先将芽茶用汤浸软，加熟芝麻擂细，再加川椒末、盐酥油饼，入锅煎熟，再加栗子片、松子仁、胡桃仁和水煮，即成擂茶。随着历史的变迁，擂茶在许多地方都消失了，但将乐还保存着这一古代饮食习俗，只是制作流程没有朱权所著的那么复杂，带有浓郁的地方风情。制作方法是将配制好的原料放进擂钵里，加些凉开水，两手握住擂棍，沿着钵壁有节奏地作惯性旋转，待钵内之物被擂成细浆，将滚烫的开水徐徐倒入搅泡，用笊篱滤去渣滓，反复研磨二三次，一钵清爽可口的擂茶就制成了。

2. 选用茶品及配料

(1)选用茶品。绿茶。

(2)选用配料。将乐擂茶的主要原料有茶叶、芝麻、米、黄豆、花生、盐及橘皮等，亦可加入一些青草药。配料的选择可根据用途、个人喜好以及季节气候等的不同而进行变换。如用于祛湿防暑时，可加入鱼腥草、藿香、凤尾草等；用于清热解毒时，可加入金银花、淡竹叶、荷叶和薄荷等；秋天风燥，可加入贡菊或杭白菊；冬春则加入肉桂、川芎、生姜等，用以温通经脉，通阳化气、祛湿趋寒。不论加什么配料，芝麻、茶叶、橘皮等应作为基本原料。

3. 茶具及道具配备

擂茶的主要制作器具为陶质擂钵、擂棍和笊篱，称为擂茶"三宝"。擂钵用陶土烧制而成，口径一般为30~50cm，钵体厚重，形状似脸盆，内壁有辐射状牙纹；擂棍用上等油茶树枝干制成，棍径约5cm，长约60cm；笊篱用竹编制而成，小巧玲珑，形如勺状，能漏水。

木勺2(容量为30~40ml)、配料碟3(竹木制品，直径约10cm)、竹茶碗3(直径约9cm)、烧水铁壶2、陶瓷水壶、竹水盂2、茶巾3(含茶巾盘)、奉茶盘(24cm×34cm)。

4. 茶席、场景

两张茶桌置于舞台中间，茶桌中间摆放擂茶"三宝"及相关器物，糖果、饼干、瓜子、花生等松、甜、香、脆的佐茶食品放置茶桌两侧。舞台背景为茶山图像。具体见图 5.1.1。

图 5.1.1　客家擂茶

5. 表演人员

主泡一人、副泡两人。

6. 服饰

客家传统民族服装(采用白底蓝花棉麻布)。

7. 音乐

选用较为欢快的民族音乐。

8. "将乐客家擂茶茶艺"演绎流程

(1)布置井然——备具。主泡摆放擂钵、擂棍、笊篱、勺、茶巾盘、茶巾、水盂等器物，副泡依次摆放配料、配料碟、茶碗、茶盘、水壶、茶巾盘、茶巾、水盂等器物。

(2)洗钵迎宾——洁具。在冲制擂茶前，主泡当着客人面将擂钵、擂棍、笊篱、勺、茶碗等茶具重新烫洗一遍，以示对客人的礼貌(由主泡完成，副泡一协助；副泡二在副茶桌上备料)。

(3)群星拱月——备料。将乐擂茶的原料以茶叶、芝麻、陈皮为主，副泡二将三种原料依次放入竹制的配料碟中待用(与洁具同时进行)。

(4)投入配料——打底。将绿茶、甘草、橘皮等原料投入擂钵中擂成粉状，以利于冲泡后人体吸收。

(5)小试锋芒——初擂。副泡二将茶叶、陈皮与凉开水依次倒入擂钵中，由主泡两手握住擂茶棍，沿着钵壁有节奏地作惯性旋转，副泡二在主泡的右边以双手扶住擂钵，使主泡能更好地操作。"擂茶"过程本身就是一种很好的艺术表演形式，技艺精湛的人在擂茶时的动作以及擂茶时钵体和擂棍互相碰撞发出有韵律的声音，给人听觉和视觉上的双重享受，因此对操作者要求颇高。

(6)锦上添花——加料。副泡二将芝麻倒入擂钵中与初步擂好的浆汤混合，芝麻含有大量的优质蛋白质、不饱和脂肪酸、维生素 E 等营养物质，可美容养颜，抗衰老。加入芝麻后，擂茶的营养保健功效将更加显著，故称“锦上添花”。

(7)各显身手——细擂。副泡一与主泡对换位置，由副泡一持擂棍，主泡双手扶擂钵继续操作。客家人不仅好客，而且善于互帮互助，大家轮流动手擂茶，每个人都可以参与擂茶的制作，乐趣无穷。

(8)水乳交融——冲水。在细擂的过程中要不断加入少量的水，这样才能使茶叶、芝麻和陈皮的混合物擂成糊状。当细擂 3 分钟后，由副泡二冲入 90~95℃开水，促使冲出的擂茶水乳交融。

(9)去粗取精——过筛。主泡与副泡 1 回归原位，副泡二取笊篱过滤茶渣，使擂茶的口感更加细腻润滑。

(10)空谷回响——喊茶。在将乐，请亲朋好友一起来喝擂茶被称为“喊擂茶”。

(11)敬奉琼浆——敬茶。将过滤好的汤汁装入壶中，依次斟到备好的茶碗中，敬献给在座的宾客(由主副泡共同完成)。

(12)如品醍醐——品茶。品第一口时常感觉有一股青涩味，细品后才能渐渐感到擂茶的甘鲜爽口，清香宜人。这种苦涩之后的甘美，正如醍醐的法味，它不假雕饰，不事炫耀，只如生活本身，永远带着那股清淡和自然。

二、新娘茶茶艺

1. 主题、选材

茶自宋代起被人们视为“从一而终”的婚姻信物。原因有二：其一，由于古代茶叶种植技术有限，茶树移植很难存活，必须通过茶籽的播种才行；其二，我国理学在宋代备受追捧，那些理学观点在极力挽回社会上不断下滑的道德水准，对人的道德礼仪提出种种规范，而饮茶文化的流行使其被社会文化吸收为婚姻文化的一部分，从而演绎出对婚姻要求从一而终、相敬如宾的茶礼习俗。如今，民间的婚礼茶俗，更多是希望夫妻双方相敬如宾、白头偕老，因而，饮茶习俗已被逐步简化。“新娘茶”便是选用民间婚庆礼仪中新娘敬茶之习俗，以体现新婚的喜庆甜蜜和新娘的贤惠能干。

各地的新娘茶习俗大同小异。如婺源习俗是新娘在拜堂后的第二天，第一件事就是亲手泡茶敬献公婆及男家亲眷。彼时，长辈们依序而坐，新娘在小姑的引导下，登堂向四周长辈施礼，这也是检验新娘是否懂礼数的重要环节。新娘采用从娘家带来的陪嫁茶具，煮水泡制冰糖桂花茶，以取甜蜜富贵之意；有时还会献上从娘家带来的新人果子，有红枣、花生、桂圆、瓜子等，预示新娘早生贵子。福建福安的习俗是新娘在拜堂后第二天上厅会见男家的女眷。新娘在伴娘妈①的引导下，莲步轻移，沿大厅四周向左右长辈施礼，俗称“走四角坪”，之后由伴娘妈引席认亲，敬献糖茶。糖茶是用少许红枣、

① 通晓当地婚姻礼仪的老妇。

冬瓜糖、冰糖、炒花生和茶叶冲泡而成，沏于精制的小茶盅内并备银勺搅拌，用锡制茶盘恭端宾客品尝，以其甜蜜给予客人吉祥如意之祝福。而福建闽南迎娶新娘时的"定茶"在新娘进门的第一天进行。当新娘揭开盖头后，由家人或媒人做伴，泡蜜茶并配有蜜饯、冬瓜、冰糖茶点敬奉公公婆婆以及男方亲眷。

一杯茶，融入了新娘的真情厚意；一段茶艺表演，表达了新人的感恩之情。它不再是简单的表演，它赋予了灵魂，它承载了使命，它充满了对未来生活的期盼和坚信！新娘茶习俗全过程一般长达 2~3 个小时，茶艺表演编创时，将"新人上厅，左右首礼，引席认亲"等程式浓缩为节目第一部分，以增强它的可看性。中间主要部分重点展示"敬献糖茶"核心内容，突出品茗艺术。

以下介绍的是婺源新娘茶茶艺。

2. 选用茶品与原料

(1)选用茶品。婺源高山绿茶，在茶中加桂花白糖。

(2)选用原料。有红枣、花生、桂圆、莲子茶点等，寓意早生贵子。

3. 茶具及道具配备

(1)茶具。水壶、泡茶壶、茶叶罐(内配茶匙)、糖罐(内配糖匙)、茶巾、茶巾盘、茶杯 6、水盂、奉茶盘 2、果垫 2。

(2)道具。主泡台、板凳 2、烛台 1 对、花器、屏风。

4. 茶席、场景

主泡台桌面上第一排摆 6 个茶杯，第二排右边依序为水壶、泡茶壶，第二排左边依次为糖罐、茶叶罐，两罐的正前方为插有红色玫瑰花的花器，主泡台中间为水盂，水盂的左右正前方为烛台；2 个奉茶盘分别放于主泡台的前方左右两角，且与边角齐平。

主泡台后面布有大红色龙凤和喜字图案，两边贴有红底对联："龙凤呈祥结良缘，鸳鸯福禄配佳偶"，体现新娘结婚的喜庆场面。

5. 表演人员

表演人员共三人，其中一人扮演新娘，为主泡；另外两人扮演伴娘，为副泡。

6. 服饰

主泡着大红色喜庆的新娘服，饰大红头巾，左手佩戴一个玉镯；副泡身着蓝色服装，扎两个小辫，配上小红花。三人均穿红色花布鞋。

7. 音乐

选用欢悦喜气的民间迎新乐曲作为背景音乐，具有浓郁的民间喜庆色彩。

8. "婺源新娘茶茶艺"演绎流程

婺源新娘茶茶艺第一个程式主要是体现婚礼的喜庆氛围，从第二个程式起则是展示新娘向公婆等长辈敬茶场面。

(1)拜堂迎亲。"王公百姓无不以饮茶为乐，婚嫁繁衍无不借茶为媒"，婺源人借此祈盼女儿与夫君白头偕老，永结同心。

(2)喜庆展现。新娘在拜堂后的第二天，第一件事就是烹制一壶好茶，敬奉公婆及男方家属，现在新娘开始烹制佳茗，以展示贤良能干。

(3)供奉喜果。现在送上来的是茶点，有枣子，花生，桂圆，瓜子，意喻“早生贵子”。

(4)比翼双飞。洗涤茶具，此涤器手法为比翼双飞，夫唱妇随。

(5)喜缘相逢。将清香的茶叶和甘香的桂花白糖以 7∶3 的比例投入茶壶中，两者在壶中甜蜜相遇，寓意喜相逢，以祈盼家人生活甜美，幸福祥和。

(6)水涨情深。悬壶高冲，将水注入茶壶中，茶壶中的水渐长，就像新郎新娘的情越来越深。

(7)浓淡相宜。将冲泡好的桂花白糖茶依次斟入茶杯中，来回三次，使每杯茶汤的浓淡适宜。

(8)行礼敬茶。厅堂明亮，红烛闪烁，长辈们依序而坐，新娘轻移莲步，登堂施礼敬奉。新娘敬茶，讲究规矩，有序重礼，敬上的第一杯茶当然是上方就座的公婆。先敬公公，再敬婆婆，然后按下左、下右、左上左下、右上右下的顺序相继而敬。这种传统的重礼之风，婺源至今还保持着。正所谓：“洞房昨夜停红烛，待晓堂前拜公婆。茶罢低声问夫婿，烹煮浓淡入时无？”

(9)重启美满。收具，把用过的器具收回归位，以待下次再用，寓意新郎新娘从此喜结连理，开启新的美满生活。以茶立德，以茶明志，以茶接爱，以茶传情，让我们细细体会那份亲近的情、天然的香，真所谓“品饮新娘茶，一生福无涯”。

三、农家茶茶艺

1. 主题、选材

农家茶茶艺是由民里乡间的饮茶习俗创编而成，这里选用婺源农家茶俗。

在婺源乡村，自唐宋以来，不仅家家会种茶，而且人人善做茶、好饮茶。他们不论是上山伐木，还是下田耕作，都要带上用竹子做成的茶筒；为了方便路人，在村间的道路上，每隔 5 里或 7 里还设有一个茶亭；家里待客，更是非茶不可，铜壶烧水，瓷壶冲泡，然后再分茶敬客，盛茶则用“汤瓯”①，农家的姑娘个个都能泡出一壶好茶。农家茶茶艺注重茶叶内质，形式比较简朴，贵在真诚亲切，体现婺源人家的热情待客和纯朴亲切。

2. 选用茶品

选用绿茶之婺源高山特贡茶。

3. 茶具及道具配备

(1)茶具。青花瓷提梁大茶壶、烧水铜壶、茶叶罐、赏茶荷、茶巾、茶巾盘、茶匙、汤瓯 6、水盂、奉茶盘 2。

(2)道具。方形木桌(泡茶台)、板凳 2、花器、屏风。

4. 茶席、场景

泡茶台桌面前面一排为间隔一致的 6 个青花汤瓯；第二排的右边为茶叶罐，茶匙、

---

① 汤瓯，一种类似小碗的青花茶具。

茶巾、茶巾盘叠放一起于茶叶罐的左边；第二排的正中间放置茶壶，茶壶左上角为插有白色山茶花的花器，茶壶正前方为水盂；两个托盘分别放于主泡台的前方左右两角；铜壶置于主泡台右边板凳上。场景一般放在室外，为茶山环绕的宽阔草坪上；也可放在室内，中间放有屏风，屏风中为春意花鸟画卷，两边写有："诗写梅花月，茶煎谷雨春。"

5. 表演人员

表演人员三人，其中一人为主泡，另外两人为副泡。

6. 服饰

表演者三人都着蓝白花色衣裤，头戴蓝白花色布头巾，体现简洁朴素、落落大方。

7. 音乐

选用民乐"春来早"，悠扬嘹亮的笛子和板胡声，使节目显得轻快喜悦。

8."农家茶茶艺"演绎流程

(1)巧妹备具。现在是准备茶具。这种青花小碗，婺源叫"汤瓯"，在乡村，一般用来饮茶，既简朴，又方便。

(2)鉴赏佳茗。"婺绿"一般采摘于谷雨前后，经手工杀青、揉捻、炒坯和烘坯等数道工序精制而成，大家看到的是"婺绿"传统名茶"高山特贡茶"，多产于婺源东北乡的高山茶园，其外形卷曲，条索紧结，色泽嫩绿，香气持久。

(3)涤器荡瓯。投茶之前，先用热水将瓷壶和汤瓯荡洗一遍，同时达到提高温度，更利于茶叶香气的散发和滋味的浸出。

(4)悬腕高冲。这种泡法叫"壶泡法"，就是将茶泡在壶里，然后再分饮。茶泡好后，一般要等三分钟，这样茶的香气和滋味才能充分溢出。

(5)行云流水。请欣赏茶道姑娘分茶的手法。六个汤瓯，只见她依次点洒，布水均匀，手法如行云流水，体现了农家妹子做事干净利落之风。然后，又从最后一个开始，倒过来点洒一遍。这样，茶汤才能前后一色，浓淡相近。人们将此雅称为"韩信点兵"。

(6)敬奉山茗。"壶里乾坤大，碗中天地宽"。人有亲善之情，茶有天然之香，以茶待客，情深意长。让我们随着山妹子欢快的步履，诗韵的手势，感受其秀美之质，芳香之气。品茶论道不仅是陶冶情操，增添情趣，也是清静身心、释放自我的一种方式。炭火煮泉，壶泡香茗，边品边聊，细啜慢饮，毕生的喜悦、沧桑都随着茶叶的芳香和盘托出，一切都将成为美好的回忆。

第二节　少数民族民俗茶艺

一、白族三道茶茶艺

1. 主题、选材

"三道茶"是大理白族人民的一种茶文化，原是南昭、大理国时期国王宴请将军大臣的礼待，后来配方流入民间，形成民间待客的一种方式。早在南诏时期(公元649—902年)即作为招待各国使臣的宫廷茶点，是对宾客的最高待遇。在《蛮书·管内物产》中就有“蒙舍蛮以椒、姜、桂和烹而饮之”的记载。明末，《徐霞客游记》中记有“一清、二甜、三蜜茶”的记载，可见“三道茶”的品饮方法在白族地区很早就有流行。

“三道茶”表演程序可浓缩提炼为“烤、调、烹”三个字，即烤出生活的芳香，调出事业的主旋律，烹出历史的积淀。白族三道茶的泡饮具有特定的规范和模式，三次饮茶味道各异，即“一苦、二甜、三回味”，从不同的侧面表达出不同的思想内涵。此外，白族又称它为“绍道兆”。这是一种宾主抒发感情，祝愿美好，并富于戏剧色彩的饮茶方式。喝三道茶，当初只是白族用来作为求学、学艺、经商、婚嫁时，长辈对晚辈的一种祝愿。如今，应用范围已日益扩大，成了白族人民喜庆迎宾时的饮茶习俗。

2. 选用茶品与佐料

(1)选用茶品。感通茶(因产于大理感通寺而得名，是云南享誉较早的地方名茶)。

(2)选用佐料。乳扇、核桃仁、芝麻、红糖、花椒、桂皮、生姜、蜂蜜等。

3. 茶具配备

煮水铜壶(带炉)、陶罐(带炉)、茶盅(陶质、柱形)、盛佐料小陶罐、小碗、小碟、瓷勺、托盘等。

4. 茶席、场景

泡茶台，煮水铜壶(带炉)、陶罐(带炉)与托盘依次从右至左摆放，茶盅与盛佐料器具等置于托盘内，火盆与三脚架在泡茶台一端。

以白族民族特色的屏风作为背景，营造出一种宾客临家的氛围。

5. 表演人员

茶艺表演两人(女)；其他表演人员三人(其中女两人、男一人，有舞蹈基础)。

6. 服饰

白族民族服饰。

7. 音乐

乐曲《月光下的凤尾竹》。

8. “白族三道茶茶艺”演绎流程①

引子：在舞台后区有几个人员在表演着舞蹈“阿达约”。

解说：彩云之南，苍山叠翠，洱海含烟。三塔巍峨，蝴蝶蹁跹，大理有“风花雪月”四大美景，有热情的歌舞和醉人的香茶期盼您的到来！

(1)第一道茶——苦茶。女茶艺师在火盆上支起三脚架，用铜壶煨开水，待水烧开，将专作烤茶用的小土陶罐放在火盆上烘烤，待底部烤热发白时投入茶叶，抖动陶罐使茶叶均匀受热，待茶叶烤至焦黄发香时，注入少量开水，只听“哧”一声，顿时罐中茶叶翻腾，涌起一些泡沫溢出罐外，像盛开的绣球花，待泡沫落下，再冲入开水，煮沸一会儿茶便煨好。这道茶，人们也叫它“雷响茶”。女茶艺师将茶斟到预备好的茶盅内，

① 杨远宏、张文：《白族三道茶茶艺表演初探》，《德宏师范高等专科学校学报》2007年第2期。

至半盅，按辈分奉茶，长者为先，双手举杯齐眉一一敬献。按主不喝客不饮的规矩，待主人双手举杯齐眉说声“请”，并先一口饮尽后，客人方可品茗，但也要一口饮尽，表示为不怕吃苦。

解说：苦茶的原料为感通毛茶，属绿茶类，经百抖炙烤，使茶叶由墨绿转金黄，当发出啪啪之声清香扑鼻即可注水烹茶。头道茶经烘烤冲泡汤色如琥珀，香气浓郁，但入口很苦，寓意要想立业，先学做人，要想做人，必先吃苦，吃得苦中苦，方为人上人。

(2)第二道茶——甜茶。在头道茶烘烤的基础上，冲出二道茶汤，加上切碎的乳扇、核桃仁、芝麻、红糖等配料后，倒入茶盅内，奉与客人，主客共同品饮。

解说：第二道茶为甜茶，香甜可口，浓淡适中，寓意人生在世历尽沧桑，苦尽甘来。

(3)第三道茶——回味茶。在茶盅中先放入花椒数粒，生姜几片，肉桂、蜂蜜和红糖少许，然后用沸水冲至六七分满。客人接过茶时旋转晃动茶盅，使茶水与佐料均匀混合，趁热品饮。

解说：回味茶重于煎煮，用感通山茶和花椒、桂皮、生姜煎煮，出汤时加蜂蜜搅拌均匀，使五味均衡。品饮此道茶犹如品人生，麻、辣、辛、苦，百感交集，回味无穷！大理白族的三道茶烤出了人生的主旋律，调出了生活的芳香，烹出了历史的积淀，体现了“一苦、二甜、三回味”的人生哲理。

二、藏族酥油茶茶艺

1. 主题、选材

酥油茶起源于一个动人的传说：远在唐代，美丽聪慧的文成公主进藏时，带去了茶叶，并根据藏人的生活习惯反复调制，终于制出喝起来香喷喷、油滋滋且营养丰富的酥油茶。酥油茶从此成了藏族人民的特色饮茶习俗。

如今，无论你是否喝过酥油茶，只要说起酥油茶，眼前就会出现一幅美妙的画面：热情好客的藏族人民为迎接远方来的客人，取出各种食物，并欢快地打制酥油茶，藏族姑娘们跳起优美的舞蹈，甜美清纯的歌声在辽阔的草原上缭绕……此情此景，足以让你的心情远离喧嚣，飞到广阔壮美的青藏高原。可以说，不喝酥油茶，就不能领略藏族同胞情谊的浓烈。

2. 选用茶品及原料

(1)选用茶品。选用四川雅安一带所产康砖或金尖、湖南黑茶、老青茶或云南的普洱茶等。

(2)选用原料。

①酥油：用牛奶或羊奶煮沸，用勺搅拌，倒进竹筒内，冷却凝结在溶液表面上的一层黄油。

②佐料：鸡蛋、核桃仁、芝麻、花生仁、鲜奶、盐巴、糖。

3. 茶具配备

打茶长筒(木质)、煮茶壶(铜质、带炉)、盛茶壶(银质、带炉)、茶碗若干(木质，视人数而定)、盛料碟3(瓷质或银质)、盛盐碗托盘(木质)等。

4. 茶席、场景

打茶长筒立地于泡茶台右前侧，煮茶壶和炉、盛有茶砖的茶碟和盛有佐料的碟、茶碗(摆于托盘内)、盛茶壶和炉按从右至左顺序摆放在泡茶台上。

采用雪域高原的景色或西藏唐卡作为背景。

5. 表演人员

茶艺表演两人(打茶姑娘)，两对藏族青年。

6. 服饰

服装选用藏族男、女青年服饰。

7. 音乐

选用藏族乐曲。

8. “藏族酥油茶茶艺”演绎流程①

藏族酥油茶茶艺基本步骤：准备器具配料，煮水熬茶，分次加料打制，奉茶敬客。

(1)尼玛东升迎客人。客人到来，两对俊美的藏族青年载歌载舞，烘托出热闹的气氛。两个打茶姑娘用托盘端出装有各种配料的碗、碟，依次摆放于桌子上。

解说：尼玛，是藏语太阳的意思。清晨，当太阳从东方冉冉升起，勤劳的藏族姑娘就开始打制酥油茶，迎来新的一天，准备迎接贵客的到来。

(2)宝瓶聚羽备配料。打茶姑娘取出三只碟来分放鲜奶、鸡蛋、核桃仁、花生仁、芝麻。

解说：藏族把孔雀羽毛视为圣洁之物，打酥油茶的三种原料是藏族人民生活必需品，在他们心中亦是圣洁无比，将配料依打茶次序聚于碗中，称宝瓶聚羽。

(3)静心烹煮贡嘎泉。打茶姑娘相互配合，取出泉水注入煮茶壶中，并置于炉上煮沸。

解说：贡嘎，是藏语至高无上、洁白无瑕的神山。冰雪覆盖的贡嘎山流出的泉水，寓意藏民纯洁的心灵。而且，用贡嘎水制作的酥油茶，味道特别鲜美，是供奉先贤、款待嘉宾的上乘饮品。

(4)松文相逢喜融融。打茶姑娘取适量砖茶和盐放入煮茶壶中熬煮。藏族青年演绎松赞干布与文成公主相会的情节。

解说：盐象征藏王松赞干布，砖茶象征文成公主。砖茶和盐一起投入锅中，在水中融合在一起，象征藏王和公主坚贞的爱情，也象征汉藏民族紧紧团结，共同建设美好家园。

(5)卓玛衷心献祝福。为了使茶汁快速浸出，并使茶汤盐味均匀，在熬茶过程中，不断搅拌茶汤。藏族青年跳起祝福舞。

---

① 和茶网：《藏族酥油茶茶艺表演》，http：//yd. hecha. cn/info/7/show_21355. html.

解说：卓玛是藏族女神。美丽的打茶姑娘，不停地扬茶汤，恰似女神在为尊贵的客人祈祷和祝福，愿各位来宾吉祥如意，美满幸福。

(6)度姆款款点甘露。待茶汤熬好，打茶姑娘将煮茶壶从火炉上提下来，将茶汤缓缓倒入打茶长筒中。

解说：度姆，是藏族传说中的观音菩萨，乐善好施，常以圣瓶中的甘露救助世人，熬好的茶汤宛若观音洒向人世间的甘露，是无比珍贵的圣物。

(7)强巴卓玛结同心。拿起盛放酥油的碟，将酥油放入打茶长筒。藏族青年用舞蹈表达藏族青年男女对美满爱情的追求。

解说：强巴，是藏族的男神，也指康巴汉子；美丽的藏族姑娘，是卓玛女神的化身。砖茶、酥油、盐汇于一起，水、茶、酥油交融，酝酿出神奇、美好的饮品，象征着藏族同胞美满如意的生活。

(8)珠母深情献巧艺。打茶姑娘伴随着音乐节奏，以舒缓、优美的动作，先上而下，再由上而下打茶。藏族青年用艺术化的动作展示打茶的技艺。

解说：珠母，是藏族历史上大英雄格萨尔王的妻子，她美丽能干，人们常用珠母来赞美能干的姑娘。珠母打制酥油茶，充分体现了藏胞对客人的敬意。

(9)八仙齐奉长生液。将鲜奶、鸡蛋、核桃仁、花生仁、芝麻放入打茶桶，然后继续打茶。

解说：酥油茶由八种配料融合而成，其中盐可调味，茶可以消食去腻，鲜奶、鸡蛋、核桃仁、花生、芝麻可以充饥，富含营养，这种茶不仅解渴，补充人体所需各种营养，还可以强身健体，延年益寿，不愧为藏族人民生活中不可缺少的长生液。

(10)洒向人间都是情。将打好的酥油茶倒入金边装饰的酥油茶壶中，温热后再分别注入木盘内的茶碗中。

解说：经过打制并高度融合的酥油茶，香醇可口，清神益脑，把精心打制的酥油茶洒向人间，献给宾客，献上的不仅是茶，更是藏族人民衷心的祝福，祝愿各位嘉宾吉祥如意、健康长寿、幸福美满。

(11)金康三宝献琼浆。美丽的藏族姑娘端着盛茶的托盘，缓缓走向宾客，分别送到客人面前，祝扎西德勒。

解说：金，是指“金尖”砖茶；康，是指康定茶马古道。三宝，是指藏族尊崇的佛祖、观音、护法神，扎西德勒金康“三宝”，即表示借酥油茶给尊敬的来宾献上祝福，意即藏语里的扎西德勒！再次祝福大家！

三、傣族竹筒茶茶艺

1. 主题、选材

傣族人民利用茶叶的历史悠久，傣历204年写的傣族贝叶经《游世绿叶经》中记载，西双版纳原住民发现并种植茶叶在佛祖游世传教时就开始了，距今1200年。经书中记载佛祖游世时，从易武山下来，在山脚边见到两个放骡马的傣族人。两位傣族人为佛祖献上饮水，佛祖见水中无物，喝水无味，便在附近采来几片茶叶嫩叶，经烘烤后，放入煮开水的竹筒中煮，顿觉清香四溢，水味甘甜，告之茶叶乃“天下好东西”，能生津止渴，在没有菜时，还能用来烧泡饭吃。两位傣族人当即尝试，果然味道美，于是记下佛祖之言，每日采茶树上鲜嫩叶，烘烤煮吃……从此，傣族人民就有了煮竹筒茶和吃茶泡饭的习俗。

“竹筒茶”在历史流传演变中，朝两个不同功能方向发展：一种是作为傣族人民的民族茶食，又称“竹筒香茶”，即将茶嫩叶搓揉后装入竹筒，待茶汁流尽，用泥灰封口，发酵两三个月后，劈开竹筒，取出茶叶晒干，装入瓦罐，加香油淹浸，随时取出当蔬菜佐餐。另一种是作为傣族人民的民族茶饮，即本部分要介绍的竹筒茶。

2. 选用茶品

选用晒青毛茶。

3. 茶具及道具配备

(1)茶具。煮水陶罐、泡茶壶(陶质或瓷质)、茶杯若干(陶质或瓷质，视人数而定)、水盂(粗陶质)、茶巾等。

(2)道具。小圆竹桌(傣族风格，高、低各一)、小圆竹椅3、斗笠、竹筒、木棒、柴刀、茶树叶片、火塘三脚架等。

4. 茶席、场景

低小圆竹桌(放置粗陶水盂)、高小圆竹桌(放置泡茶壶、茶杯、茶巾)、火塘三脚架(放置煮水陶罐)等从右至左分别摆放，竹筒、木棒、柴刀、茶叶等放置火塘三脚架周边。

采用西双版纳热带雨林风情的画面作为背景。

5. 表演人员

主泡一人、助泡两人；其他表演人员五人(其中女三名、男两名，要求年轻、有舞蹈基础)。

6. 服饰

傣族年轻男女服饰。

7. 音乐

乐曲“孔雀飞来”。

8. “傣族竹筒茶茶艺”演绎流程①

茶艺表演流程为：引子→装茶→烤茶、取茶、洗杯→泡茶→分茶→奉茶、品饮。茶艺师作竹筒茶茶艺表演，其他表演人员在茶艺表演过程中，于表演后区穿插具有傣族特色的采茶舞。

(1)彩绘版纳——引子。

解说：澜沧江畔，竹楼之上，金孔雀展开了傲人的彩屏，竹筒茶飘香。美丽的勐巴

---

① 云南茶业网：《香茶好客——西双版纳傣族茶艺》，http://tea.fjsen.com/view/2011-09-21/show5523_5.html.

拉娜西哟，她是幅凤尾竹彩绘的画。

由傣族姑娘与小伙表现采茶情景的傣族舞。

(2)传说版纳——装茶。两名助泡在火塘边将晒青毛茶装入刚刚砍回的生长期为一年左右的嫩香竹筒中。

解说：千瓣莲花开了，傣家人幸福欢乐。佛祖端坐祥云，从易武山飞来了。老波涛①敬上热腾腾的泉水，象脚鼓铓锣震天响。佛祖慈祥地微笑着，傣家人心中充满了阳光。佛祖顺手采下几片绿叶，佛手搓揉，篝火烘烤，竹筒煮沸，清香四溢。从此，傣家人把竹筒香茶代代传扬。

(3)传奇版纳——烤茶、取茶、洗杯。

①一助泡将装有茶叶的竹筒，放在火塘三脚架上烘烤，6~7 分钟后，竹筒内的茶开始软化。这时，用木棒将竹筒内的茶压紧，尔后再填满茶烘烤。如此边填、边烤、边压，直至竹筒内的茶叶填满压紧为止。待茶叶烘烤完毕，用刀剖开竹筒，取出圆柱形的竹筒茶，以待冲泡。

②在一助泡烤茶、取茶期间，另一助泡将煮好水的陶罐提至主泡台，将沸水注入泡茶壶。

③与此同时，主泡洗杯。

解说：佛光沐浴，聪慧傣家姑娘，踏着露珠，迎着朝阳，采来春尖，放进心怀，轻轻揉捻。阳光沐浴，绿叶褪去湿裳。是波涛咪涛②给了仆哨③一双巧手，是佛祖恩赐了仆哨灵感。巧手把春茶请进香竹筒，巧手把春茶边烤、边压、边填，边填、边烤、边压。竹筒满了，溢出茶的清香，清香飞向天边！

(4)茶香版纳——泡茶。一名助泡将烤炙好的茶递与主泡，主泡将茶置于茶壶中；另一名助泡再次将煮水陶罐煮好的水提至主泡台，注入泡茶壶至七八分满。

解说：截一节山中凤尾竹，扛一筒云雾珍珠清泉，破开填满香茶的竹筒，烧沸陶罐不让泉水熟睡。水舞茶色愈浓，茶舞水深深的情，美妙的时辰已来临，甘甜的香茶将与你共品。

(5)绿色版纳——分茶。主泡待茶汤浸泡 2~3 分钟后出汤，先在各杯中注入 1/4 茶汤，后再注入七八分满。

解说：佛祖说，攸乐和莽枝，曼砖和曼撒，革登和倚邦。甘甜的茶叶，生在大树下。波涛说，托佛祖的福，如今的版纳，茶林中有参天大树，原始森林中有古老的茶。今天，腊跺④里有说不完的古老故事，腊跺里容纳了新的六大茶山，腊跺里盛满了绿色的西双版纳。一滴水当涌泉，一杯茶当做家，远方的客人，请你把傣家浓浓的情收下！

(6)好客版纳——奉茶、品饮。主泡、助泡一起将茶敬奉宾客，其他表演者将赋有

---

① 波涛，意为大爹。

② 咪涛，意为大妈。

③ 仆哨，意为小姑娘。

④ 腊跺，意为竹筒茶。

送福意义的香包赠予宾客。

解说：摆上傣家待客的篾桌，放上六只竹杯，支上六个蔑凳，请上六位贵客，六大茶山的尊客哦！请你代表尊敬的客人慢慢地品，请你代表尊贵的客人慢慢地酌……

思考与实操练习

1. 擂茶为何又称“三生汤”？
2. 何为擂茶“三宝”？
3. 新娘茶茶艺取材于什么？
4. 婺源新娘茶茶艺所泡饮的茶品是什么？有何寓意？
5. 简述婺源农家茶茶艺分茶的手法。
6. 根据对婺源农家茶茶艺的细致了解，实际操作演练一套农家茶茶艺。
7. 白族三道茶的含义及其蕴含的人生哲理有哪些？
8. 藏族酥油茶有怎样的动人传说？
9. 藏族酥油茶茶艺选用的茶品及原料有哪些？
10. 傣族竹筒茶茶艺流程中“烤茶”环节是如何完成的？

第六章

宗 教 茶 艺

中国宗教最基本的是儒释道三教。我国是茶叶的故乡，几千年来，随着宗教文化的产生和发展，茶与各宗教产生了千丝万缕的联系，并与宗教文化结下了深厚缘分。僧人羽客常以茶礼佛、以茶祭神、以茶助道、以茶待客，并以茶修身。正如赖功欧在《茶哲睿智》中所说，道家的自然境界，儒家的人生境界，佛家的禅悟境界，融汇成中国茶道的基本格调与风貌。① 以此为基础，形成了多种独特的宗教茶艺形式。

从历史的角度看，道教与茶文化的渊源关系是最为久远而深刻的。道家的自然观，一直是中国人精神生活及观念的源头。所谓"自然"，在道家是指自己而然，道是自己如此的，自然而然的。道无所不在，茶道只是"自然"大道的一部分。茶的天然性质，决定了人们从发现它、利用它到享受它，都已将上述观念融入其中。老庄的信徒们欲从自然之道中求得长生不死的"仙道"，茶文化正是在这一点与道教发生了原始的结合。《茶经·七之事》引述《神异记》的故事，表明陆羽本人对道士与茶茗的关系是深信不疑的。从历史事实与观念发生的角度看，都显示了道教与茶文化的关系是最为久远的。"自然"的理念导致道教淡泊超逸的心志，它与茶的自然属性极其吻合，这就确立了茶文化虚静恬淡的本性。道教的"隐逸"，即是在老庄虚静恬淡、随顺自然的思想上发展起来的，它与茶文化有着内在的关联，隐逸推动了茶事的发展，二者相得益彰。

从历史和发生学角度固然要追溯到道教，但从发展角度看，茶文化的核心思想则应归于儒教学说，这一核心即以礼教为基础的"中和"思想。儒教讲究"以茶可行道"，是"以茶利礼仁"之道，所以茶文化首先注重的是"以茶可雅志"的人格思想，儒家茶人从"洁性不可污"的茶性中吸取了灵感，应用到人格思想中，这是其高明之处。饮茶可自省、可审己，而只有清醒地看待自己，才能正确地对待他人。而"以茶表敬意"成为"以茶可雅志"的逻辑连续，足见儒教茶文化表明了一种人生态度，基本点在从自身做起，落脚点在"利仁"，最终要达到的目的是化民成俗。"中和"境界始终贯穿其中，这是一种博大精深的思想体系的体现，其深层根源仍具一种宗教性的道德功能。

如果说道教体现在源头，儒教体现在核心，则佛教禅宗则体现在茶文化的兴盛与发展上。中国的茶文化以其特有的方式体现了真正的"禅风禅骨"，禅佛在茶的种植、饮茶习俗的推广、饮茶形式传播及美学境界的提升诸方面，贡献巨大。没有禅宗，很难说中国能够出现真正意义上的"茶文化"。天下名山僧侣多，"自古高山出好茶"，历史上许多名茶出自禅林寺院，而禅宗之于一系列茶礼、茶宴等茶文化形式的建立，具有高超的审美趣味，它成就了中国茶文化的兴盛，尤其值得大书一笔的是禅宗对茶文化流传国外特别是亚洲一些国家，有不可磨灭的卓著功勋。可以说，品茗的重要性对于禅佛，早已超过儒、道二家。而"吃茶去"这一禅林法语所暗藏的丰富禅机，"茶禅一味"哲理所浓缩的深刻含义，都成为茶文化发展史上的思想精髓。

综上，我们总结出道家与茶的关系是"茶性"，儒家与茶的关系是"茶礼"，佛教与茶的关系是"茶道"，道、儒、佛对茶文化共同的特点是：追求质朴、自然、清静、无私、平和。真正说来，中国茶文化的千姿百态与其盛大气象，是儒释道三教互相渗透综

---

① 赖功欧：《茶哲睿智——中国茶文化与儒释道》，光明日报出版社 1999 年版。

合作用的结果。中国茶文化最大限度地包容了儒释道的思想精华，融汇了三教的基本原则，从而体现出“大道”的中国精神。宗教境界、道德境界、艺术境界、人生境界是儒释道共同形成的中华茶文化极为独特的景观。宗教茶艺气氛庄严肃穆、礼仪特殊、茶具古朴典雅，追求质朴、自然、清静、无私、平和，体现出“天人合一”“茶禅一味”的哲理。目前常见的有禅茶茶艺、太极茶艺、观音茶艺和三清茶艺等。

第一节 禅茶茶艺

一、禅茶茶艺文化渊源

释迦牟尼佛拈花示众，迦叶微笑，遂有以心传心之教外别传，南北朝时由达摩传来中国。传说达摩少林面壁，揭眼皮坠地而成茶树，其事近诞，而其所寓禅茶不离生活之旨，则有甚深意义。嗣后马祖创丛林，百丈立清规，禅僧以茶当饭，资养清修，以茶飨客，广结善缘，渐修顿悟，明心见性，形成具有中国特色的佛教禅宗，演至唐代，禅文化兴起。

而茶文化与禅文化同兴于唐，其使茶由饮而艺至道，融禅茶一味者，则始自唐代禅僧抚养、禅寺成长之茶圣陆羽。其所著《茶经》，开演一代茶艺新风。佛教禅寺多在高山丛林，得天独厚，云里雾里，极宜茶树生长。农禅并重为佛教优良传统。禅僧务农，大都植树造林，种地栽茶。制茶饮茶，相沿成习。许多名茶，最初皆出于禅僧之手，其于茶之种植、采撷、焙制、煎泡、品酌之法，多有创造。中国佛教不仅开创了自身特有的禅文化，成熟了中国本有的茶文化，使禅茶融为一体而成为中国的禅茶文化。

茶不仅为助修之资、养生之术，而且成为悟禅之机，显道表法之具。盖水为天下至清之物，茶为水中至清之味，其“本色滋味”，与禅家之淡泊自然、远离执著之“平常心境”相契相符。一啜一饮，甘露润心，一酬一和，心心相印。禅茶文化之潜移默化，其增益于世道人心者多矣。

二、禅茶茶艺示例

(一)禅茶

1. 主题、选材

禅茶——茶禅一味。佛家以茶助禅，由茶入佛，从参悟茶理上升至参悟禅理，并形成“静省序净”的禅宗文化思想，让人们在行茶品茶过程中体悟其中所蕴涵的真谛，保持内心一种宁静和愉悦的心境，远离浮躁与功利，从而达到人生的最高境界。

目前国内有多种的禅茶茶艺表演方式。本书选用的禅茶茶艺选材于江西山区尼姑庵中用来招待客人的佛门礼俗，该茶艺由陈晓播先生于20世纪90年代创编①。其在表演前要先用各种手势组成手印向菩萨祷告，而后将茶叶用纱布包好置入铜壶烹煮，煮茶法增强了禅茶茶艺的禅味和历史感。表演者动作庄重文静，使人在不知不觉中便进入了一种空灵静寂的禅之意境，体现禅宗倡导的“一日不劳，一日不食”的刻苦、勤劳、俭朴、节约之美德。

禅茶茶艺在创编过程中，创作团队得到著名禅宗祖庭住持净慧法师和一诚法师的指导，法师直接传授佛教结手印法，从而使作品获得最原味的创作素材。另外，江西省舞协的郑湘纯女士也将从孰煌考察所收集的大量佛教手印融入该茶艺的编创。

2. 选用茶品

选用广东曲江南华禅寺的“六祖甜茶”。该茶由唐代高僧六祖慧能创制，将寺后山上的野茶和草药混合制作，口感甜中带苦、苦后回甘并具有保健疗效，该茶带梗显粗，不宜采用冲泡品饮法，一般将其整细、包起后烹煮。亦可采用其他寺庙生产的佛茶。

3. 茶具与道具配备

(1)茶具：烧水炭炉(江西“南丰小泥炉”)、煮茶壶(古朴的旧铜壶)、盛器具竹篮、木制茶罐、厚朴的青花茶杯6、茶巾盘2、茶巾、纱布2(1块大方形、1块细条形)、木制水盂、木制托盘2、陶制香炉、陶盏2(1只盛3支短檀香木、1只盛香粉)。

(2)道具：屏风、礼佛台、香炉、烛台2。

4. 茶席、场景

该套茶艺的茶席布置是根据表演流程的进行而变动，现以主泡位的摆放位置进行说明。

(1)在做“上供仪式”与“手印祈福”两个流程时，泡茶台保持洁净，不摆设器物。

(2)表演“佛礼请香”流程时，将香炉置于泡茶台上半部的正中；将盛有3支短檀香木的陶盏置于香炉左下侧，盛有香粉的陶盏置于香炉右下侧。

(3)冲泡流程中，烧水炭炉、煮茶壶置于泡茶台右下方，奉茶盘置于泡茶台右下角，茶罐置于奉茶盘前方，一个茶巾盘盛茶巾置于泡茶台下半部的正中，水盂置于泡茶台左下角，水盂内放6个青花茶杯，另一个茶巾盘置于水盂前方，茶巾盘上放置2块纱布。

屏风中间挂有一幅“达摩祖师煮茶图”，两边配以“煎茶留静者，禅心夜更闲”诗联，亦可挂幅“禅”幕。背景幕前置放礼佛台，台上设两盏烛台，一个香炉。

5. 表演人员

三位面相清素的女茶艺师，也可根据舞台效果有所增加。

6. 服饰

服装力求简朴，采用黄色“海青”僧服，配以僧鞋、僧袜、佛珠等。

7. 音乐

佛门音乐《同心曲》，由男声哼唱五声音阶的五句乐句，整曲歌词只有“南无阿弥陀

---

① 陈晓播、汪沛：《“禅茶”——茶艺的来龙去脉》，《农业考古》2001年第4期。

佛”六个字。

8.“禅茶茶艺”演绎流程

(1)上供仪式。上供仪式是佛事活动中一个非常庄严的过程，包括顶礼膜拜和焚香礼佛等仪式。为了避免使茶艺表演变成纯粹的宗教礼仪，禅茶茶艺只表现了焚香礼佛部分，省略了顶礼膜拜等一些烦琐程序，使表演更为精练雅观，更具有艺术性和观赏性。

(2)手印祈福。手印是佛门僧侣在诵经咒文时以手指构成的各种手形。禅茶茶艺中主泡做的一系列手印大多取材于佛像的手势和敦煌壁画，并做了艺术加工，在佛教礼仪中是没有这么一整套连贯的手印的。虽然至今尚无人能精确解释清楚其中的含义，但它极富感染力，有别于一般茶艺的表现手段。

(3)佛礼请香。

①器具摆放到位，左手手心向上，拇指内折置于胸前，静气凝神，右手以佛手印手法取1支檀香木置于胸前；双手手心向内、指尖朝下，相举于眉处，换置左手持檀香木；右手手心向左，拇指内折置于胸前，左手食指、拇指持檀香木由下置外画圈至左上稍定，后将第一支短檀香木插于泡茶台香炉正中，后行佛手印礼。

②第二、三支檀香木同第一支手法相同，但需交换手进行请香，第二支檀香木插于第一支的左边，第三支插于右边。

③檀香木插置完毕，右手取少量香粉，均匀洒至3支檀香木上。

(4)冲泡佛茶。

①摆具：根据茶席要求，将冲泡佛茶所需器具摆放到位。

②净手：用茶巾将双手正、反两面擦拭干净。

③润具：取煮茶壶，将洁净的水均匀缓缓淋于水盂中的茶杯上。

④置茶、煮茶：将大方形纱布平铺于奉茶盘上，取茶罐中的茶8~10克，置于纱布中；将大方形纱布折成包束，用细长条纱布系口，置入煮茶壶中烹煮。

⑤洗杯：利用煮茶时间，将青花茶杯洗净，其中5只成圆形摆放于奉茶盘上，另一只为主泡品敬杯，放于泡茶台上胸前正中位置。

⑥出汤：取煮茶壶于身前逆时针旋转3圈；将茶汤均匀斟入奉茶盘的5只茶杯及主泡品茗杯，分别先斟入约1/4之茶汤，后再循环将各茶杯斟至七八分满。

(5)佛茶敬客。将冲泡好的佛茶敬奉宾客。若宾客品完杯中茶尚有茶兴，可续冲，直至茶汤尽。

(6)谢幕收具。收拾茶具，谢幕退场，结束表演。

(二)茶禅一味

1. 主题、选材

宋代高僧圆悟禅师潜心研习禅与茶的关系，以禅宗的观念和思辨来品味茶的奥妙，终于悟出“茶禅一味”的真谛。“茶禅一味”可以视为中国茶文化中的一个重要特征，它既是对茶与禅内理的精辟概括，又指饮茶和参禅修行方法上的一致。茶可以使僧侣步入理想的禅境，同时禅境也与茶人胸怀契合。正是在这个层次上，茶禅可作“一味”观，也即“茶禅一味”的深刻内涵所在①。

“茶禅一味”十八道流程，源自佛典，启迪佛性，昭示佛理，希望大家能放下世俗烦恼，抛弃功利之念，以平和虚静之心，领略“茶禅一味”真谛。

2. 选用茶品

铁观音茶 10~15g。

3. 茶具与道具配备

(1)茶具：炭炉、陶制烧水壶、有把手的泡壶、兔毫盏若干、茶道组、茶洗。

(2)道具：香炉、香、木鱼、磬、禅茶冲泡台(坐式冲泡高度)、三寸厚坐垫4。

4. 茶席、场景

禅茶冲泡台置于舞台正中；碳炉、陶制烧水壶摆在台面右侧；茶洗摆在台面左侧；香炉置于冲泡台正中靠台口一侧；兔毫盏放置主泡正面位依次排好；茶道组摆在茶洗右侧；泡壶放置兔毫盏右侧。

将两个坐垫摆放于冲泡台后侧，一个放中，一个靠右。另外两个坐垫分别置于冲泡台后方左右两侧，为敲击木鱼和磬的两位助手座位。冲泡台正后方摆放一个写着“茶禅一味”字样的大型屏风。

5. 表演人员

表演人员四人，主泡一人及助手三人。

6. 服饰

着黄色佛教居士服，配以僧鞋、僧袜、佛珠等；主泡加着一件袈裟。

7. 音乐

采用《赞佛曲》《心经》《戒定真香》《三皈依》等梵乐或梵唱，呈现幽雅、庄严氛围。

8.“茶禅一味”演绎流程

(1)焚香合掌——礼佛。背景播放梵乐，让幽雅庄严、平和的佛乐声，像一只温柔的手，将大家的心牵引到虚无缥缈之境界，平静烦躁不宁的心。

(2)达摩面壁——调息。达摩面壁是指禅宗初祖菩提达摩在嵩山少林寺面壁坐禅的故事。面壁时，助手可伴随着佛乐，有节奏地敲打木鱼和磬，进一步营造祥和和肃穆的气氛。

主泡者随着佛乐静坐调息。静坐的姿势为佛门七支。佛门七支在静坐时，肢体应注意以下七个要点：

①双足跏趺，亦称双盘足(也可采用单盘)。左足放在右足上面，为如意坐；右足放在左足上面，为金刚坐；亦可采用将双腿交叉架住。

②脊梁直竖，使背脊的每个骨节都如算盘珠子似的叠竖，使肌肉放松。

③左右两手环结于丹田下，平放在胯骨处。两手手心向上，把右手背平放在左手心上面，两个大拇指轻轻相抵，即“结手印”，也叫“三昧印”或“定印”。

④左右双肩稍微张开，以平整适度，不可沉肩弯背。

---

① 百度百科：《禅茶茶艺——概述》，http：//baike. baidu. com/view/4414585. htm.

⑤头正，后脑稍微向后收放，前腭内收但不低头。

⑥双目处于似闭还开状，视若无睹，目光可定在座前七八米处。

⑦舌头轻微舔抵上腭，面部微带笑容，全身神经与肌肉都自然放松。

保持这种静坐姿势1分钟左右。

(3)丹霞烧佛——煮水。在调息静坐的过程中，一名助手点火烧水，称为丹霞烧佛。

丹霞烧佛典出于《祖堂集》卷四。据记载，丹霞天然禅师于惠林寺遇到天寒，就把佛像劈了烧火取暖。寺中主人讥讽他，禅师说："我焚佛尸寻求舍利子。"主人说："这是木头的，哪有什么舍利子?"禅师说："既然是这样，我烧的是木头，为什么还要责怪我呢？"于是寺主无言以对。

"丹霞烧佛"时要注意观察火相，从燃烧的火焰中去感悟人生的短促以及生命的辉煌。

(4)法海听潮——候汤。佛教认为"一粒粟中藏世界，半升铛内煮山川"。从小中可以见大，从煮水候汤，听水的初沸、鼎沸声中，我们会有"法海潮音，随机普应"的感悟。

(5)法轮常转——洗杯。"法轮常转"典出《五灯会元》卷二十。径山宝印禅师云："世尊初成正觉于鹿野苑中，转四谛法轮，陈如比丘最初悟道。"法轮喻指佛法，而佛法就日常平凡的生活琐事之中。

洗杯时眼前转的是杯子，心中动的是佛法，洗杯的目的是使茶杯洁净无尘；礼佛修身的目的是使心中洁净无尘。在以转动杯子手法洗杯时，或许可看到杯转而心动悟道。

(6)香汤浴佛——烫壶。佛教最大的节日有两天：一是四月初八的佛诞日，二是七月十五的自恣日，这两天都叫"佛欢喜日"。佛诞日要举行"浴佛法会"，僧侣及信徒们要用香汤沐浴太子像(即释迦牟尼佛像)。用开水烫洗茶壶称为"香汤浴佛"，表示佛无处不在，亦表明"即心即佛"。

(7)佛祖拈花——赏茶。佛祖拈花微笑典出《五灯会元》卷一。据载：世尊在灵山会上，拈花示众，是时众皆默然，唯迦叶尊者破颜微笑。世尊曰："吾有正法眼藏，涅槃妙心，实相无相，微妙法门，不立文字，教外别传，付嘱摩诃迦叶。"

此时借助这道程序向客人展示茶叶。

(8)菩萨入狱——投茶。地藏王是佛教四大菩萨之一。据佛典记载，为了救度众生，救度鬼魂，地藏王菩萨表示："我不下地狱，谁下地狱？""地狱中只要有一个鬼，我永不成佛。"

投茶入壶，如菩萨入狱，赴汤蹈火，泡出的茶水可振万民精神，如菩萨救度众生，在这里茶性与佛理是相通的。

(9)漫天法雨——冲水。佛法无边，润泽众生，泡茶冲水如漫天法雨普降，使人如"醍醐灌顶"，由迷达悟。壶中升起的热气如慈云氤氲，使人如沐浴春风，心萌善念。

(10)万流归宗——洗茶。五台山著名的金阁寺有一副对联：一尘不染清静地，万善同归般若门。

茶本洁净仍然要洗，追求的是一尘不染。佛教传到中国后，一花开五叶，千佛万神各门各派追求的都是大悟大彻，“万流归宗”，归的都是般若之门。般若是梵语音译词，即无量智能，具此智能便可成佛。

(11)涵盖乾坤——泡茶。涵盖乾坤典出《五灯会元》卷十八。惠泉禅师曰：“昔日云门有三句，谓涵盖乾坤句，截断众流句，随波逐浪句”。这三句是云门宗的三要义，涵盖乾坤意谓真如佛性处处存在，包容一切，万事万物无不是真如妙体，在小小的茶壶中也蕴藏着博大精深的佛理和禅机。

(12)偃溪水声——分茶。“偃溪水声”典出《景德传灯录》卷十八。据载，有人问师备禅师：“学人初入禅林，请大师指点门径。”师备禅师说：“你听到偃溪水声了？”来人答：“听到。”师备便告诉他：“这就是你悟道的入门途径。”

禅茶茶艺讲究：壶中尽是三千功德水，分茶细听偃溪水声。斟茶之声亦如偃溪水声可启人心智，警醒心性，助人悟道。

(13)普度众生——敬茶。禅宗六祖慧能有偈云：“佛法在世间，不离世间觉。离世求菩提，恰似觅兔角。”菩萨是梵语的略称，全称应为菩提萨陲。菩提是觉悟，萨陲是有情。所以菩萨是上求大悟大觉——成佛，下求有情——普度众生。

敬茶意在以茶为媒体，使客人从茶的苦涩中品出人生百味，达到大彻大悟，得到大智大慧，故称为“普度众生”。

(14)五气朝元——闻香。“三花聚顶，五气朝元”是佛教修身养性的最高境界，五气朝元即做深呼吸，尽量多吸入茶的香气，并使茶香直达颅门，反复数次，这样有益于健康。

(15)曹溪观水——观色。曹溪是地名，在广东曲江县双峰山下，唐仪凤二年(676年)，六祖慧能住持曹溪宝林寺，此后曹溪被历代禅者视为禅宗祖庭。曹溪水喻指禅法。《密庵语录》载：“凭听一滴曹溪水，散作皇都内苑春。”

观赏茶汤色泽称为“曹溪观水”，暗喻要从深层次去看是色是空；同时也提示：“曹溪一滴，源深流长。”(《塔铭·九卷》)

(16)随波逐浪——品茶。“随波逐浪”典出《五灯会元》卷十五，是“云门三句”中的第三句。云门宗接引学人的一个原则，即随缘接物，去自由自在地体悟茶中百味，对苦涩不厌憎，对甘爽不偏爱，只有这样品茶才能心性闲适，旷达洒脱，才能从茶水中平悟出禅机佛礼。

(17)圆通妙觉——回味。圆通妙觉即大悟大彻，即圆满之灵觉。品了茶后，对前边的十六道程序，再细细回味，便会：“有感即通，千杯茶映千杯月；圆通妙觉，万里云托万里天。”乾隆皇帝登上五台山菩萨顶时，曾写过一联：“性相真如华海水，圆通妙觉法轮铃。”这是他登山的体会，我们稍作改动：“性相真如杯中水，圆通妙觉烹茶声。”这便是品禅茶的绝妙感受。佛法佛理就在日常最平凡的生活琐事之中，佛性真如就在我们自身的心底。

(18)再吃茶去——谢茶。饮罢了茶要谢茶，谢茶是为了相约再品茶。“茶禅一味”，茶要常饮，禅要常参，性要常养，身要常修。中国佛教协会会长赵朴初先生讲得好：

“七碗受至味，一壶得真趣，空持百千偈，不如吃茶去！”让我们相约再吃茶去。①

第二节　道家茶道

道家倡导无为自然、率性求真，以茶谋静；茶的品格蕴含道家淡泊、宁静、返璞归真的核心价值，体现出养生与对自然的崇尚。太极茶道从“道法自然”、“简约本真”出发，讲究太极易学与茶道要义融合、太极气功与茶道技法融合，讲究功能性与精神性的融合。从流派角度的规范来说，就是要在讲究“色香味形”的同时，发扬茶道精神，达到阴阳融合的极致美。

一、道家茶道文化渊源

汉时期，丹丘子被奉为“仙人”，是中国茶文化中最早的一个道家茶人。汉代《神异记》有载：余姚人虞洪，入山采茗。遇一道士，牵三青牛，引洪至瀑布山，曰：“予丹丘子也。闻子善具饮，常思见惠。山中有大茗，可以相给，祈子他日有瓯牺之余，乞相遗也。”南天师道代表人物陶弘景的《杂录》亦有载：“苦荼，轻身换骨，昔丹丘子黄山君服之。”唐代诗人皎然在《饮茶歌诮崔石使君》写道，“孰知茶道全尔真，唯有丹丘得如此”，这不仅是中国历史上第一次提到的茶道概念，而且以丹丘子为代表的道家人物与茶有着密切的关系，他们或为茶注入了深邃的道家理念，或以茶修道。②

唐时期，道教之祖老子姓李，与唐皇室同姓，故唐高祖封道教为国教，下诏全国各州建道观。人们对道教产生迷狂的信仰，而道教视茶饮为养生之道、长生之道。士大夫文人游道观，交道士，求长生，一时成风。这对饮茶的盛行、茶文化的形成和发展，产生深远的影响。唐医药学家、有“药王”之称的孙思邈，在《千金方》记载：“以茶入枕，可明目清心，通经络，延年益寿。”

宋元时期，尤其宋代是中国茶文化发展的一个高峰，茶成为人们生活不可或缺的一部分，这也是道家文化比较兴盛的时期，众多的道家人物喜茶、爱茶。北宋年间，士大夫文人与道教徒的交往甚密。著名诗人苏轼曾到惠山拜见钱道人，登绝顶望太湖，道人烹小龙团款待。苏轼赋七律诗一首，有“独携天上小团月，来试人间第二泉”的佳句。苏轼还有一首咏赞道人点茶的诗《送南屏谦师》，写出了道人对茶道的精通，诗云：“道人晓出南屏山，来试点茶三昧手。”

由此可见，茶与道教文化的发展相伴相随，有着深厚的渊源。

---

① 佛教导航—五明研究—内明—禅宗：《禅茶茶道》，http：//www.fjdh.cn/wumin/2009/05/06025077072.html.

② 李文杰：《道家名人与茶》，http：//blog.sina.com.cn/s/blog_4ff0feaf01008bgo.html.

二、道家茶道示例

1. 主题、选材

本道家茶道作品由张娴静以峨眉茶道馆馆长金刚石所编著的《中国茶道大师赏阅》之“峨眉道家茶道”为蓝本进行编创。创作过程中，编创者与金老师进行深入的交流与探讨后，形成此作品。

道家茶道讲究“近水、尊人、贵生、坐忘、无已、还原”。

(1)“近水”，意为茶道室以水为重点构成，室内环境是水的自然，是人的涤尘去处。入室前，应以水净手、脸，以去除杂念；入室后，宾客应静心听水声，不得出声，以营造静谧的品茗环境；品茗后，杯中不留茶水，以示对茶对水的敬意之心。

(2)“尊人”，意为在茶道室里，客人以左为上，以老为先，以女为重。

(3)“贵生”，意为应讲求茶叶质量，选择上等单芽绿茶或白茶，寓意天然、本色与健康，符合道家的自然法则。

(4)“坐忘”，意为致静为上，“静”为道家“四谛”法则之一，茶室是静的空间，水是静的灵魂，茶是静的法门；心境在静默中一丝不留烦、一尘不染乱，一脉不承伤，一滴不沾痛，达到身心至极之静，达到灵魂至极之超脱。

(5)“无已”，意为大无，即精神欲望、物我对立的消灭，宾客在面对客人的无已心神时，不得随意地掺杂其他包括动作在内的行为。

(6)“还原”，意为归真于自然，返璞人性之德，还原自然为道法强调的终局。主人将所泡茶叶的残片，一一分发给每一位客人，用精致小包装好，留作纪念。

2. 选用茶品

上等单芽绿茶或白茶。

3. 茶具与道具配备

器具以道家“春、夏、长暑、秋、冬”的“木、火、土、金、水”的“五行”文化元素进行分类配备，后按五行方位进行摆置。

(1)木类。矮木桌、盛有上等绿茶的木质茶罐、木水勺、木茶勺、木茶拨、木质垫2、木器盛摆的花道作品、小型盛水木桶3、盛水木罐。

(2)火类。烛2、清香3、炭若干、火柴。

(3)土类。主泡陶制“太极”大茶盏、品饮陶制“太极”小茶盏5、陶制精制小香炉、陶制精制小烛台2。

(4)金类。金属制茶釜、金属制风炉、金属制钵2(盛弃水用)。

(5)水类。山水、河水、井水(三水取自然三水之意，山水温茶，河水净器，井山涤人)，煮沸后冷却至6℃以下不结冰的山水。

(6)茶道辅具。五色巾5组、茶巾、棉麻巾5、蒲垫5、印有“太极图”大席布。

4. 茶席、场景

(1)茶席布置。本茶席布置方位以嘉宾面向进行说明(嘉宾席为茶席坐南朝北，主泡位为茶席坐北朝南）。在道家五行理论里“东、南、西、北、中”分别为“木、火、金、水、土”，由此有器具摆放时，我们基本遵照道家五行理论，同时结合茶道习茶者或参与者的本位，需要略微进行调整。

①席布铺法：将印在太极图的席布正铺于桌面，阴极图面朝西。

②茶席东面：正东——盛有上等绿茶的木质茶罐、东南——茶道作品、东北——木水勺、木茶勺、木制茶拨、木制赏茶荷、木质垫。

③茶席南面：正南——香炉、香炉左右侧各摆烛台；每位嘉宾前各摆一组五色巾，五色巾摆法按“东南西北中”摆“青、赤、白、黑、黄”五色，最后成十字形。

④茶席西面：金属制风炉上摆放金属制茶釜，西偏北摆放金属钵。

⑤茶席北面：北东侧——盛有山水、河水、井水的3只小木桶、盛有煮沸后冷却至6℃以下不结冰的山水的小木罐1只；北西侧——5只小茶盏放于奉茶盘上。

⑥茶席中间：大茶盏。

（2）场景要求。

背景中间可挂有一幅道家素材类挂图，两边配以诗联，也可在环境清幽的山水间表演。

5. 表演人员与宾客

面相清素的主、副女茶道师各一名，或者面相清素的主、副男茶道师各一名（注：主、副茶道师的性别必须一致）。

宾客限定3位。

6. 服饰

道教服饰。

7. 音乐

道家音乐如《三清天尊》，或者表达山水自然的弘音也可。

8. “道家茶道”演绎流程

（1）行礼入座。主、副茶道师躬身迎客，邀请客人落座时，鞠躬时面容庄严，双手团抱前腰。

（2）赏具品道。主茶道师引导客人观赏茶席上每一样器具，并对其中的五行寓意进行讲解。

（3）净手洁面。待客人坐定，主、副茶道师先以水勺取井水净手，弃水置于金属钵中，再以热井水浸润的白棉麻巾清洁脸面；接着由副茶道师分别为3位客人取水净手，弃水置于金属钵中，盛客净手弃水金属钵逐一传递，随后其分别为客人呈上热巾清洁脸面。

（4）点烛焚香。副茶道师点烛，主茶道师以“燃灯印”燃香，以“大慈印”捧香，以“白鹤诀”插香（参见任宗权道长的《道教手印研究》）。在此过程中，副茶道师与宾客双手合十共同祈拜。

（5）煮水。主茶道师用水勺取山水五勺，加入茶釜中煮水。《茶经·五之煮》中谈到烹茶的水质：“其水，用山水上、江水中、井水下……”将自然界中的水分为三等，认为山水(即山泉)最佳，因山间的溪泉含有丰富的有益人体的矿物质，为水中上品。茶有淡而悠远的清香，泉自缓而汩汩的清流，两者都远离尘嚣而孕育于青山秀谷。茶性洁，泉性则纯，这都是历代文人雅士们孜孜以求的品性。生于山野风谷之间的茶用流自深壑岩罅之中的泉水冲泡，自当珠联璧合、锦上添花。

(6)坐忘。待水煮沸过程中，茶道师引导宾客静坐后全身放松，以此使气血流行全身，恢复人身自我调节之天然本能；静坐之时，听着音乐与煮水声，忘却杂念，恍然一觉，不知物我矣；注重调息，呼吸是摄收大气中的氧气，调和气息，吸气时，空气入肺，充满周遍；呼气时，腹部收缩，上抵肺部，使肺底浊气，外散无余。形正则息调，息调则心静。致虚极，守静笃，静能生定，定能生慧。定是深度的入静态，慧是能够洞彻宇宙本原的大智慧，即大彻大悟。

(7)温具。待水煮沸后入茶境，主茶道师用水勺分 5 次小量盛茶釜中初沸山水至陶制“太极”大茶盏进行温具；温具时，双手捧盏，顺着盏中太极图走势顺时针旋转 5 圈润盏，后将弃水倒入金属钵中；随后各盛 1 次初沸山水至 5 只品饮茶盏，每只品饮茶盏顺时针旋转 1 圈润盏。

(8)赏茶下茶。主茶道师取出木茶罐，用木茶拨取出足量的上等绿茶放至茶荷；由主茶道师先行赏茶礼，后由副茶道师将茶传至宾客手中，从左至右起赏茶；最后传回主茶道师，其将茶叶拨至茶盏中。

(9)冲泡。主茶道师取出盛有煮沸后冷却至 6℃以下不结冰的山水的小木罐，将其中的山水注入主泡茶盏至 1/6 处，直至使绿茶呈垂直向时，用水勺从茶釜取出沸水后，至沸水冷却至约 85℃后再注入茶盏，分三次注入，注量总至茶盏至 2/3 处。

(10)分茶。待茶叶全部上升呈现出三起三落时，主茶道师用茶勺垂直于杯中取出茶水，一一分至品茗盏中。

(11)品饮。主茶道师先从奉茶盘中取出两只茶盏，后由副茶道师将盛有茶汤的三只盏奉为宾客席前；待副茶道师回位后，主副茶道师引导宾客共同将双手托起茶杯，举于齐眉处，先敬天地，后从左至右对着客人们依次品一小口。

(12)续茶品饮。一道茶品完，由主茶道师再取水至主泡盏中，再续冲泡，泡后再分茶至各品饮茶盏中，如同程序(10)，进行续品饮。

(13)再续茶品饮。二道茶品完，如同程序(11)，进行再续品饮。

(14)静坐回味。三道茶品完，主副茶道师引导宾客们进行静坐回味，具体操作如同程序(6)。

(15)行礼告别。茶道结束，行礼告别。茶道师躬身起立，先装好茶残渣，后装好各种用过的水，小步走到茶室门边，抬起头来庄重地将茶水和茶渣一一分给客人带走。

第三节　太极茶道

峨眉太极茶道茶法以形为中央，以神为目的，是一套无声的肢体语言茶道。表演传播的是茶的文化，赏的是太极的美。主体是修身养性，客体是探求茶道之源，茶具只有一样，那就是茶壶，该茶壶可长可短。不讲求道的境界和核心作用，只讲究道的艺术风格。表现形式有着宇宙的空间感，也有舞台中不可分解的奥秘。

一、太极茶道文化渊源

长壶的出现在唐末宋初，经过一个艰难的发展过程，直到清乾隆年间才重出江湖，主要在四川和江浙一带。到新中国成立前期，在重庆的小茶铺逐渐形成长壶掺茶的饮茶民俗。新中国成立后又消失了近50年，直到20世纪80年代初，随着茶文化的逐步普及，茶铺又开始盛行，尤以一些小乡镇更为突出。乡镇逢场茶铺茶钱便宜，所以客满为患，堂倌根本忙不过来，因而消失已久的一手拿几十个盖碗一手提一把大长壶撒碗掺茶的画面又出现了。这种独特的茶事服务，既腾出茶馆空间，不会因来回穿梭而影响茶客的谈天说地，同时茶倌也可省事地站在一角就可以掺满全桌的水。随着人们对茶饮文化品位要求的提高，四川长嘴壶独特的掺茶技艺得到了外省餐饮界的青睐，自1983年后，就有了逐渐到外地上班的四川长嘴壶茶师。久而久之，人们不再满足于单一的掺茶姿势，于是利用长嘴壶的特点，将其演绎技法与道家太极拳法相结合，创作出“太极茶道”。

太极茶道的“真金八宝茶”、“水丹青”、“阴韵乌龙”为独家秘传、远近闻名。泡茶讲究使用“天泉”或称“无根水”(即天然雨水)，技法讲究细水长流、凤凰三点头、雪花盖顶。茶博士取长嘴壶，自二楼向楼下斟茶，从身体各处演绎“罗汉茶礼”、“道家行茶”等技艺，每到精妙绝伦处，无不让人叹为观止。

二、峨眉太极茶道茶法示例

1. 主题、选材

峨眉太极茶道是峨眉茶道馆馆长金刚石，茶道师宽灵、宽怀和太极拳讲师陈雅玲于2003年依据峨眉山流传两千多年的太极茶养生步法共同研究创作的一套表演性茶道。①

峨眉太极茶道以太极拳套路为基础，融合长壶茶艺技法，形成舞台表现原动力。峨眉太极茶道的主要特点体现形体美，从起势到收势着重强调了“强身健体、展现茶的舞台美学、体现全神贯注的精神、修习平和心态、消除工作压力和提升茶道艺术的魅力”六个方面的要素，这些要素是构成峨眉太极茶道的主要核心。峨眉太极茶道呈现出的自然、和谐、舒展、柔和、轻灵、沉稳、专一等元素，打破了原有茶道的静、沉、紧和僵的局面，同时也改变了原有一些纯长壶茶艺的快、乱、变、空、无内涵、无章法的艺术表现形式，形成了内涵丰富多彩、意义独具匠心和表演赏心悦目的艺术特点。

---

① 敖歌：《什么是太极茶道?》，http：//cha. baike. com/article-106371. htm.

2. 选用茶品

选用特级名优绿茶、茉莉花茶。

3. 茶具配备

带托盖碗、长嘴壶(茶壶可长可短)。

4. 茶席、场景

太极八卦图或高山烟云缥缈的屏风。

5. 表演人员

男女茶艺师各四名，象征太极阴阳八卦之意。

6. 服饰

着黑白太极服；男女可错色着衣。

7. 音乐

选用道家乐曲《峨眉金顶》。

8. “峨眉太极茶道”演绎流程①

(1)起势。表演者分成两组，男女各四人交叉纵队出场，上场后全部身体自然站立，面容自然放松，头、颈、肩、手、腰、胯、腿、膝、脚依次自然放松。

(2)设局。右列纵队左脚开立，左列纵队右脚开立，持壶手臂前举，空手手臂平起上提推出，同时屈腿轻轻云掌于前胸。

(3)分壶。两列纵队程序上执行马蹄步，左右纵队并行分成前后两排，收壶收脚，转体下沉分步，弓体推壶；左转体压脚退步，起立抱手举壶，二次转体向前压脚前伸，起立抱壶收手；三次转体压脚左右两次分腿云手。抬脚收回直立，举壶转动向后，四次提脚后伸压脚，转体回头，两队成员弓步分前伸和后伸两种，收起分手，抱壶直立。

(4)展壶。左右手分三个来回转动茶壶壶体，伸脚上抬跨步，后手转体上身，虚步收回抱壶。

(5)托水。前排曲身盘腿，双臂上抬，置壶头顶，转体左手撑腰，后排摆臂伸腿，上步屈肘，左手举壶，弓步推手；转体撇脚，摆动壶成平行线，托水入前排壶口，收脚下沉右手，屈肘后退，前排弓步推手直立；前后共同转体压脚前转，摆臂抬脚，屈肘前抬左手，再弓步推壶。

(6)听壶。双手分前后云手三次，提壶直立，跟步展臂，引壶身下滑，虚手收回，上拉右脚直立。

(7)度生。左右手前后分开，倒壶呈地面平行，转身推手，后退分步，虚手单推直掌；二次转身推手，后退收脚，虚手收回掌。

(8)逐水。后排抬手跨步，前排分脚开立，虚手前推；后排转体后仰抬手，前排退步下坐，虚步伸脚，开掌换壶，后排前弓步伸出，右手抬起，左手撑壶身下水。

(9)柄壶。前后两排左手直起平抬，伸向头顶，转体撑开壶管，抱手收脚，再转体撑开壶管，后弓步下沉，摆臂转动壶身，三次转体交换壶柄，抬手后拉抬脚，前弓步分

---

① 敖歌：《中国茶道大师赏阅》，四川出版集团、四川美术出版社 2009 年版。

两次左右挤合，两次左手接壶，弓步前直上蹄，收回直立。

(10)摹形。前后两排用右手壶身后推，转体分立，左手与右脚并伸，右脚转动收步，左臂后靠，转体摆动左臂，二次转体后靠，抬右手壶起立，弓步后伸，云手向左三步，收脚直立。

(11)叩韵。左单手前伸叩击壶底，转体右臂向上伸直，左手勾手抬脚前跨，转体转动壶身，二次弓步推壶，右手转回后背，左手接壶起身直立。

(12)写意。前后两排同时云手开步，壶身随手形变化而变化，转体勾套壶把，云手收步起落壶体，分六次云手开步和云手收步，最后还原到原定位直立。

(13)修气。前后两排整体单腿伸出，转体勾手，右手抱壶转手打开，弓步推壶。反复两次后还原到原位直立。

(14)悟道。前排下坐伸腿抬手举壶，后排跟步提手推掌，翻手上推壶身，虚步错开前排推壶。前后反复两次，还原原来位置起身直立。

(15)神游。前后排左右手相互穿梭壶身管部和底部，伸脚转体，抱壶推手收脚，左脚右伸，右脚左伸，交错双手，转身还原双脚归位，左弓步或直腿，推手亮壶；转体压脚，抱壶收水，抬手交错换壶，后排先走云手，形成半圆形，前排弓步推手，交错换壶，起云手形成另一半圆形，两个半圆共同伸左脚向中心，外推壶，内勾手，分三次反复进行，达中心点起身直立。

(16)收势。抬壶分脚，双手平伸分开，收手前胸抱壶，左手放下靠背，并脚还原起势。

1. 请问宗教与茶艺的关系是什么？

2. 你认为禅茶茶艺流程中有哪些表现手段相较其他茶艺有独特之处？其主要内容有哪些？

3. 道家茶道在唐时期的发展历程是什么？

4. 道家茶道中茶席布置的方位考究与特点有哪些？

5. 道家茶道流程中“坐忘”这一环节是如何完成的？

6. 峨眉太极茶道的演绎精髓与表达境界是什么？

7. 峨眉太极茶道强调六方面的要素是什么？

第七章

外国茶艺

中国乃茶之发源地。茶自4—5世纪传入高丽；9世纪初传至日本；15世纪初，中国茶叶开始销往西方；17世纪直接销往英国；18世纪后叶，印度从中国引进茶种，现为世界第二大茶叶生产国；19世纪中叶，锡兰从中国引进茶种，现为世界第三大茶叶生产国。中国的茶叶与丝绸、瓷器一起，成为中国在全世界的代名词。据统计，当今世界有160多个国家约30亿人喜好饮茶，并逐渐形成这些国家颇有特点的品饮习俗，如日本茶道、韩国茶礼、英国下午茶、摩洛哥三道茶、美国冰茶、马来西亚拉茶、印度调味茶等。目前常见作为交流的外国茶艺表演形式有日本茶道、韩国茶礼和英国下午茶等。

第一节　日本茶道

一、日本茶文化发展历程①

中日茶文化交流的历史悠久、源远流长，一千多年来绵延不断。汉魏两晋南北朝以迄隋，饮茶风俗从巴蜀地区向中原广大地区传播，茶文化由萌芽进而逐渐发展，作为中日文化交流关系的纽带，一直起着重要作用。现分四个时期来叙述日本茶道的形成和发展。

1. 奈良、平安时代

据日本文献《奥仪抄》记载，日本天平元年四月，朝廷召集百僧到禁廷讲《大般若经》时，曾有赐茶之事，则日本人饮茶始于奈良时代(710—794年)初期。

在奈良、平安时期，日本接受和发展中国的茶文化，开始了本国茶文化的发展。饮茶首先在宫廷贵族、僧侣和上层社会中传播并流行，同时开始种茶、制茶，在饮茶方法上则仿效唐代的煎茶法。

2. 镰仓、室町、安土、桃山时代

(1)镰仓时代。镰仓时代(1192—1333年)初期，处于历史转折点的划时代人物荣西以自己在中国体验茶的经历，撰写了日本第一部茶书——《吃茶养生记》，记录了点茶法，为日后日本茶道的成立奠定基石，并确立自己为日本禅宗之祖和“茶祖”之地位。茶逐渐风靡了僧界、贵族、武士阶层并普及于平民。茶园在不断扩充，名产地也不断增加。

荣西之后，日本茶文化的普及分为禅宗和律宗两大系流。饮茶活动以寺院为中心，并由寺院流向民间，形成镰仓时代茶文化的主流。

镰仓时代末期，上层武家社会开始流行“斗茶”，通过品茶区分茶的产地的斗茶会

① 第一茶叶网：《日本茶道的四个时代》，http://news.t0001.com/2007/0201/article_41513.html.

后来成为室町茶的主流。

(2)室町时代。室町时代(1333—1573年)，受宋元点茶道的影响，模仿宋朝的“斗茶”，出现具有游艺性的斗茶热潮。特别是在室町时代前期，豪华的“斗茶”成为日本茶文化的主流。但是，日本斗茶是扩大交际，炫耀从中国进口货物、大吃大喝的聚会。斗茶为东山时代的书院茶准备了条件。书院茶是在书院式建筑里进行、主客都跪坐、主人在客人前庄重地为客人点茶的茶会，在日本茶道史上占有重要的地位。日本茶道的点茶程序在“书院茶”时代基本确定下来。室町时代末期，茶道在日本获得了异常迅速的发展。

(3)安土、桃山时代。室町幕府解体，日本进入战国时代，群雄中最强一派为织田信长—丰臣秀吉—德川家康系统，这让融艺术、娱乐、饮食为一体的茶道受到空前的瞩目。

千利休(1522—1591年)幼年学习茶道，18岁拜珠光再传弟子武野绍鸥①为师。珠光茶道的内容和形式均明显带有中国茶的印记，其禅宗思想来自中国。武野绍鸥将日本民族传统艺术“连歌”引入茶道，完成茶道的民族化，千利休则完成了对茶道的全面革新。千利休是日本茶道的集大成者，是一位伟大的茶道艺术家，他将茶道回归到淡泊自然的最初。他说饮茶没有特别神秘之处：“把炭放进炉子里，等水开到适当程度，加上茶叶使其产生适当的味道。按照花的生长情形，把花插在瓶子里。在夏天的时候使人想到凉爽，在冬天的时候使人想到温暖，没有别的秘密。”千利休“和、敬、清、寂”的茶道思想对日本茶道发展的影响极其深远。

总之，镰仓、室町、安土、桃山时期，日本学习和发扬中华茶文化，民族特色形成。

3. 江户时代

由织田信长、丰臣秀吉开创的统一全国的事业，到了其继承者德川家康那里终于大功告成。1603年，德川家康在江户建立幕府，至1868年明治维新，持续了260多年。

千利休被迫自杀后，其第二子少庵继续复兴其茶道。少庵之子千宗旦继承其父，终生不仕，专心从事茶道。千宗旦去世后，他的第三子江岑宗左承袭了他的茶室不审庵，开辟了表千家流派；他的第四子仙叟宗室承袭了他退隐时代的茶室今日庵，开辟了里千家流派；他的第二子一翁宗守在京都的武者小路建立了官休庵，开辟了武士者路流派茶道。此称三千家，400年来，三千家是日本茶道的栋梁与中枢。

除了三千家之外，继承利休茶道的还有利休的七个大弟子。他们是：蒲生化乡、细川三斋、濑田扫部、芝山监物、高山右近、牧村具部、古田织部，被称为“利休七哲”。

江户时期，是日本茶道的灿烂辉煌时期，日本吸收、消化中国茶文化后终于形成了具有本民族特色的日本抹茶道、煎茶道。日本茶道源于中国茶道，但是发扬光大了中国茶道。

---

① 武野绍鸥，日本茶道史上承前启后的伟大茶匠。

4. 现代时期

日本的现代是指1868年明治维新以来。日本的茶在安土、桃山、江户盛极一时之后，于明治维新初期一度衰落，但不久又进入稳定的发展期。20世纪80年代以来，日本茶道的许多流派均到中国进行交流，日本茶道里千家家元千宗室多次带领日本茶道代表团到中国访问。与此同时，国际茶业科学文化研究会会长陈彬藩、浙江大学教授童启庆、台湾中华茶文化学会会长范增平等纷纷前往日本访问交流。中日间的茶文化交流频繁，更主要的是日本茶文化向中国的回传。

二、日本茶道茶事茶话

1. 茶道精神

日本茶道精神——和、敬、清、寂，被看作茶道的法则与伦理规范，是日本茶道最重要的思想理念，所以它被称为“茶道四谛”。

茶道四谛中的“和”，既表示和谐的和，又表示和悦的和，它体现了支配茶道整个过程的精神。“和谐”注重形式方面，“和悦”则表示内在的感情，茶室里的气氛就是在这种“和”的精神下建立起来的。“敬”的思想本源自禅宗，禅宗主张“我心即佛”、“万物皆有佛心”，认为在“真如”面前所有的人都平等不二。茶道吸收了禅宗的“心佛平等”观，并加以升华和提炼，形成了“敬”的情感概念。“清”即清洁，有时也指整齐，是受到日本人民极大推崇的修养要素。当然，茶道四谛中的“清”更多的是指对灵魂的洗涤。“寂”也是茶道追求的最终境界，没有它就没有茶道的存在意义。在这个概念上，禅与茶密切地联系在一起。“寂”在梵语中指“静寂”“和平”“静稳”，它在佛典中有“死”、“涅槃”、“无”的意思。在茶道中，“寂”又与“贫寡”“至纯”“孤绝”的意思相近，即当修禅者或茶人完成了对各色事物的否定之后，便进入了一个无的世界，这里没有声音，没有色彩。

总之，茶道四谛中的“和”主要是指主人与客人的和谐，没有隔膜；“敬”是相互之间尊敬的感情；“清”是必须保持心灵的清净无垢；“寂”要求茶人忘却一切，去创造新的艺术天地。四谛的根本在于“寂”，它可以表现为佛教中心的涅槃、寂静、空寂、寂灭，在积极意义上是“无”，即“主体的无”。由此可见，和、敬、清、寂四谛是以“寂”为根源、以“寂”为最高层次的法则，也可以说四谛归于“寂”这一谛。

2. 茶具

(1)煮水。

①地炉：位于地板里的火炉，利用炭火煮釜中的水。

②风炉：放置在地板上的火炉，功能与炉相同，用于5—10月气温较高的季节。

③柄勺：竹制的水勺，用来取出釜中的热水；用于炉与用于风炉的柄勺略有不同。

④盖置：用来放置釜盖或柄勺的器具，有金属、陶瓷、竹等各种材质；用于炉与用于风炉的盖置在外形上略有不同。

⑤水指：备用水的储水器皿，有盖。

⑥建水：废水的储水器皿。

(2)茶罐。

①枣：薄茶用的茶罐。

②茶入：浓茶用的茶罐。

③仕覆：用来包茶入的布袋。

④茶勺：从茶罐(枣或茶入)取茶的用具。

(3)茶碗。

①茶碗：饮茶所用的器皿。

②乐茶碗：以乐烧(手捏成型而后低温烧制)制成的茶碗。

③茶筅：圆筒竹刷，将竹切成细刷状制成。

3. 茶室

(1)茶室。为了茶道所建的建筑。大小以四叠(榻榻米)半为标准，大于四叠半称作"广间"，小于四叠半者称作"小间"。

(2)水屋。位于茶室旁的空间，用来准备及清洗茶道具。①

三、日本茶道表演流派

日本茶道表演的流派很多，有安乐庵流、怡溪派、上田宗个流、有乐流、里千家流、江户千家流、远州流、大口派、表千家流、织部流、萱野流、古石州流、小堀流、堺流、三斋流、清水派、新石州流、石州流、宗旦流、宗徧流、宗和流、镇信流、奈良流、南坊流、野村派、速水流、普斋流、久田流、藤林流、不白流、不昧流、古市流、细川三斋流、堀内流、松尾流、三谷流、武者小路千家流、利休流、薮内流等。

四、日本茶道茶会流程

日本茶道讲究一定的规则程序，茶不是随便拿过来就喝的，必须遵照规则来进行喝茶活动。茶道的精神就蕴含在这看起来很烦琐的喝茶活动之中。

1. 准备

茶室主人在茶会前事先整理好茶庭②、茶室③，见图 7. 1. 1、图 7. 1. 2。

---

① 百度百科：《日本茶道》，http：//baike. baidu. com/view/43304. htm.

② 茶庭亦称露地、露路，是为进行茶道礼仪而创造的一种园林形式，日本人将茶道融入园林之中，形成茶庭。茶庭分为外露地和内露地两重，外露地有露地口、外腰挂、蹲踞、中门、点雪堂等，内露地有梅见门、不审庵、内腰挂、蹲踞、砂雪隐等，由中门将其分开。

③ 茶室为茶庭主体建筑，置于茶庭最后部，要到达茶室，需经过迂回曲折的小路和一些必不可少的设施。

图 7.1.1　茶庭

图 7.1.2　茶室

2. 确定茶会日期、主题，选择茶会所用道具

3. 邀请

书写邀请函，告知茶会的日期、主题及邀请的宾客名单。

4. 前礼

受邀宾客须尽早回复是否前往，并于茶会举行前一日前往茶室向主人致意，并告知参加人数。

5. 迎客

宾客先抵达外露地的"外腰挂"①，略作休息后，整理服仪，敲击木钟以通报主人。主人得知宾客已到信息后，跪坐茶室门口，恭迎客人。

6. 入席

宾客要先用门口旁边蹲踞②(见图 7.1.3)中的清水洗手，在室外换上草鞋或木屐(见图 7.1.4)，挂刀折腰躬身方能逐一进入茶室。

---

① 腰挂，供客人休息的小茅棚，让客人抛却尘世间的烦恼，把心静下来，分为外腰挂和内腰挂。

② 蹲踞，露地手水钵的一种，客人需蹲着使用，为石头材质。蹲踞意为谦虚的姿态。

图 7.1.3　蹲踞

图 7.1.4　换草鞋

7. 炭礼法

主人作点燃炭火与香合仪式（现大多省略），客人鉴赏茶室内的字画、茶具等。茶室布置见图 7.1.5。

图 7.1.5　茶室内的风炉、壁龛、字画等

8. 食用“怀石膳”与“主菓子”

怀石膳见图 7.1.6，主菓子见图 7.1.7。

图 7.1.6 怀石膳

图 7.1.7 主菓子

9. 客人暂行告退休息

客人暂行告退至内露地的“内腰挂”休息，等待主人以铜锣或唤铃再次邀请入席，见图 7.1.8。客人暂行告退后，主人收起壁龛的字画，插上花，放好香合，更衣，并由助手把茶室的格纸窗架高一些。待客人再度入席，助手把竹帘收起、提高茶室亮度。

10. 浓茶礼

主人先将各种茶具用茶巾擦拭过后，用茶勺从茶罐中取茶末二三勺置茶碗中，再注入沸水，并用茶筅搅拌，直至茶汤泛起泡沫为止，见图 7.1.9。

图 7.1.8　“内腰挂”休息区

图 7.1.9　沏茶

11. 敬茶

主人用左手掌托碗，右手五指持碗边，跪地后举起茶碗（需举案齐眉与自己额头平齐），恭送至正客前，见图 7.1.10。

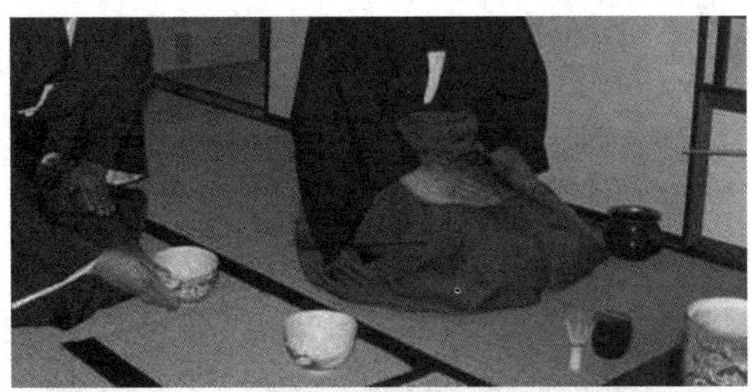

图 7.1.10　敬茶

12. 饮茶

正客接过茶碗也需举案齐眉以示对主人致谢，然后再放下碗后重新举起饮茶，见图 7.1.11。

图 7.1.11　接茶碗

主人沏“浓茶”招待客人(浓茶礼)，客人以至诚的心体会主人的心意，以三口半喝干茶碗内的茶，最后半口轻声发出“啧啧”的声音，向主人表示“真是好茶”的赞颂与道谢之意。

13. 主人添炭、加水，客人欣赏茶碗道具之美

14. 客人食用菓子及薄茶

一人一碗单饮——薄茶礼见图 7.1.12。

图 7.1.12　菓子、薄茶

15. 茶会结束，客人告辞

主人在茶室口跪送见图 7.1.13。

图 7.1.13　主人在茶室口跪送

日本茶道的仪式感非常强，整个过程相当烦琐，但不可或缺，他们认为："人通过做烦琐的事情，才会意识到自己有很多的烦恼，而通过复杂烦琐的点茶做法，就可以使人忘记这些心外的琐事，变得心平气和。"

五、日本茶道示例

日本茶道分为抹茶道和煎茶道。抹茶道是由粉末茶冲搅的，一般认为是我国宋式饮茶的遗风。煎茶道是用散叶茶冲泡，一般认为是我国明清式饮茶的遗风。

1. 抹茶道

据《中日韩英四国茶道》(林瑞萱著)所述，抹茶道的形成如下：

(1)抹茶道形成。抹茶，亦称为末茶。抹茶道源自中国唐宋年间，据传是镰仓时代的荣西禅师把南宋的点茶传入日本而形成的。抹茶道因为传入年代久远，历经村田珠光、武野绍鸥、千利休等大师的发展，已完全融入日本本土文化，成为日本主流茶道。抹茶又有浓茶和淡茶之分。

(2)"里千家风炉薄茶点茶法"演绎流程。

①右手拿起茶碗交到左手，再用右手将之放在膝前正面，以右手将茶枣拿到茶碗和膝之间。

②帛纱折好拿在右手上，左手取枣，以帛纱擦拭枣盖，擦完放在前面。改折帛纱，再擦茶勺。取茶筅放在枣的右边。取柄勺，拿起釜盖。

③用柄勺舀汤，倒入茶碗。柄勺暂放釜口，将茶碗的汤倒入建水。

④右手取茶巾清洁茶碗，再把茶巾放入碗中，然后放到釜盖上。

⑤右手取茶勺，左手轻点榻榻米，招呼客人"请用点心"。

⑥取两勺抹茶放入茶碗，茶勺在茶碗边缘轻敲，使附着的抹茶落入碗中，以握着茶勺的手盖上枣盖，放回原位，并将茶勺放在枣盖上。

⑦将水指的盖子放在其左侧。

⑧右手拿起柄勺，舀适量的汤注入茶碗。

⑨右手拿茶筅点茶，点好后，将茶碗放在左掌上自转两次，使正面朝向客人，拿出放在缘外。客人示意"承蒙招待"后，向客人回礼。

⑩茶碗归回时，舀水入碗，清洗后倒入建水，取茶巾擦净茶碗，继续点茶。

⑪若主客说："不用再点茶了。"主人就开始做清理的工作。首先舀水入碗，过一下茶筅，再将茶巾放入，再把茶筅放入。

⑫将建水稍往下挪，取腰上帛纱擦拭茶勺两次，扣在茶碗上。

2. 煎茶道

据郑雯嫣在《日本煎茶道与中国文化渊源探析》中所述，煎茶道的形成如下：

(1)煎茶道形成。煎茶道形成于日本江户时代中晚期，是中国的隐元禅师把明朝的泡茶方法传入日本而形成的。日本煎茶道从江户时代末期到明治初期开始流行至今不过百余年，其文化还存留着不少中国文化的痕迹。

明末福建黄檗寺禅僧——隐元隆琦所创建的黄檗寺如今仍是日本煎茶道联盟的总部。

煎茶道在日本非常普遍，流派众多。煎茶道根据茶类、置茶方式、茶具配备、季节差异、精神架构而产生不同的点茶法，例如小川流的“上级煎茶淹茶法”、“玉露淹茶法”，爱茗流的“燕桌下投法”，一茶庵流的“蒹葭点茶上投法”，卖茶流的“器局棚新茶烹茶法”，卖茶真流的“真点茶法”、“大棚式法”等近 50 个点茶法。

(2)茶具配制。在煎茶道里，一个点茶法所涉及的煎茶器就有凉炉、汤沸、急须、汤冷、茶碗等不下 20 种茶器，堪比陆羽《茶经》所列的 24 种茶器。在众多的煎茶器中，有不少茶器与中国古代茶器有渊源，见表 7.1.1。

表 7.1.1 **完全或部分中国古代茶器名称**

日本煎茶器名称	中国古代茶器名称	功　能
乌　府	乌府(顾元庆《茶谱》)	竹制的篮，用以盛炭，贮炭器
炭　挝	炭挝(陆羽《茶经》)	六角形的铁棒，供敲炭用
火　箸	火箸(陆羽《茶经》)	用铜或铁制的火箸，供取炭用
瓢　勺	瓢(陆羽《茶经》)	用葫芦剖开制成，舀水用
茶则(小川流) 茶合(小笠原流)	则(陆羽《茶经》)	用海贝等壳或铜、铁、竹制作的匙、小箕之类充当，供量茶用
茶　巾	巾(陆羽《茶经》) 拭盏布(明张源《茶录》)	以洁诸器 饮茶前后，俱用细麻布拭盏
茶　碗	碗(陆羽《茶经》)	盛茶汤
水　注	水瓶(明潮州功夫茶)	用以贮水烹茶
凉　炉	红泥小炭炉(明潮州功夫茶)	生火煮水用
炉　扇	羽扇(明潮州功夫茶)	扇　火
提　篮 器　局	都篮(陆羽《茶经》) 器局(明高濂《遵生八笺》)	以悉设诸器而名之，收贮茶器竹编方箱，用以收放茶具

除了以上完全或者部分沿用中国茶器名称外，还有以下茶器名称不同，但是功能相同的。比如：

①急须(泡茶用的容器)，即潮州功夫茶器的孟臣罐、盖盅。

②汤沸(烧水用的容器)，即潮州功夫茶器的砂铫。

③茶入(盛放茶叶容器)，即潮州功夫茶器的茶罐等。

(3)“小笠原流煎茶道”点茶演绎流程。从小笠原流煎茶道点茶程序看，煎茶道与明清时期流行的潮州功夫茶有很深的渊源。现简略描述小笠原流煎茶道高级段的比翼棚香羽点前，和功夫茶做一对比。

①茗主持建水进，行礼。

②取汤沸下，用火筷理炉添炭，取香合添香。

③用羽帚扫炉清理。

④复置汤沸上。

⑤至⑭分别为：点前开始；备具；温器；涤器；候汤；入茶；冲茶；洗杯；分茶；奉茶等。

虽然各个流派会设计本门独有的做法和细节规范，但是其核心的基本程序还是源自中国功夫茶冲泡法。在茶碗数量上，非三即五。分茶时，亦来回巡茶。小川流更是用紫砂壶盛在水洗盘内，还有淋壶的程序，与潮汕冲法如出一辙。但是，由于选用茶叶不同，手法有所不同。潮汕功夫冲泡乌龙茶，讲究“快、热、匀”；煎茶道选用玉露等高级蒸青绿茶，为使茶汤不失鲜爽，必须候汤凉到 50～60℃才冲泡，因此在茶器上多了“汤冷”一器。

第二节 韩国茶礼

一、韩国茶文化发展历程

韩国茶文化的历史，可以分为三国时代、新罗、高丽、朝鲜、近现代时期。其中三国时代是指近似同一时期的高句丽、百济、伽倻时代，之后被新罗统一。

因受中国茶文化的影响，朝鲜半岛的茶文化在三国时代以饮饼茶为主，高丽时代是碾茶，朝鲜时代是叶茶。朝鲜半岛的茶文化，既有独创性的人、神、佛茶礼，又有模仿水递、茗战等。其独创性引以为豪的是，新罗花郎的茶具、高丽青瓷的镶嵌技法和黄金比例、茶军士、率先提倡的茶禅三味、茶时、茶童茶房奉职、茶神契节目等。①

1. 三国时代

在高句丽的古墓中发现的钱茶，可能是磨碎后喝的团茶，墓室主人可能很爱喝茶。据《三国史记》记载，高句丽国有个叫句茶国的地方，当时茶可能比较贵重。

百济在古代国家中文化发展较早，也较发达。从气候、地理位置以及与中国南朝的交流来看，百济可能很早就有饮茶的风俗。但因战争，有关茶文化的记录没有保留下来。

伽倻国位于洛东江的下游，包括智理山，是主要的产茶地。据《三国遗事》第二册记载，伽倻国人很早就有饮茶风俗。

2. 新罗时期

新罗不如高句丽、百济发达，但农业生产力大大增强。随着中国的文化教育和政治制度传入新罗，人们开始认识了茶文化，新罗四仙及其茶灶就是这个时期的。饮茶阶层

① 金永淑：《韩国茶文化史》，《茶叶》2001 年第 3—4 期。

不再局限于仙人和花郎，也包括皇帝、僧侣及学者、贵族、书生，甚至普通百姓。

3. 高丽时期

高丽时期是韩国茶文化的全盛期。茶被认为是贵重的礼物，皇帝常将茶赐给大臣、百姓和僧侣，丧礼中献茶祭奠，在与中国交流时，茶叶常作为礼物赠给对方。

这个时期的茶事茶人有：(1)茶房。(2)茶军士。茶军士制度是韩国所特有的风俗。(3)茶时。(4)茶院。

4. 朝鲜时期

朝鲜时期继承了高丽时期书生们的茶道文化，以清茶汤为主，宫廷祭祀时也用茶汤。初期的朝廷和王室继承了高丽饮茶风俗，重新制定并实行使臣接见的茶礼和书茶礼。但在中期，饮茶文化急速衰落。到了后期，茶山丁若镛、秋史金正喜、草衣意恂等文人兴起了饮茶风俗。制茶技术也有了很大进展。

朝鲜时期留下了1000多篇茶诗及与茶有关的文章、民谣。茶的普及使茶文化扎根于人民，并传至今日。

5. 近现代时期

近现代是指20世纪以来，这一时期，韩国在日本统治下，全国47所高等女子学校中的大部分学校开设了茶道课，但茶文化发展缓慢。1945年光复后，茶文化复苏，饮茶之风再度兴盛，韩国的茶文化进入复兴时期。

这一时期，韩国“茶学泰斗”韩雄斌先生将陆羽《茶经》翻译为朝鲜文；百岁茶星、韩国茶人联合会顾问、陆羽茶经研究会会长崔圭用先生出版了《中国茶文化纪行》等书；韩国国际茶文化交流协会会长释龙云法师、韩国茶人联合会会长朴权钦先生、韩国佛教春秋社社会长崔锡焕等韩国茶人也纷纷前来中国进行交流。与此同时，中国的一些茶人、学者亦到韩国访问，中韩两国茶文化互动交流，互相影响。

二、韩国茶礼茶事茶话

1. 茶礼精神

韩国提倡的茶礼以和、静为根本精神，其含义泛指和、敬、俭、真。“和”是要求人们心地善良，和平共处，互相尊敬，互相帮助。“敬”是要有正确的礼仪，尊重别人，以礼待人。“俭”是俭朴廉正，提倡朴素的生活。“真”是要有真诚的心意，为人正派。韩国茶礼侧重于礼仪，强调茶的亲和、礼敬、欢快，把茶礼贯彻于各阶层之中，以茶作为团结全民族的力量。所以，茶礼的整个过程，从环境、茶室陈设、书画、茶具造型与排列，到投茶、注茶、茶点、吃茶等均有严格的规范与程序，力求给人以清静、悠闲、高雅、文明之感。

2. 茶点

茶点是韩国茶礼表演中不可或缺的，茶点的制作比较讲究，食材、样式、色彩，口感都独具特色，还会因为节日、季节的变化而改变。韩国的茶点品种十分丰富。

三、韩国茶礼表演的精神内涵

1. 何谓韩国茶礼

韩国茶礼包括以下几个方面：(1)尊重传统的精神。(2)尊重礼仪的精神。(3)尊重科学的精神。(4)尊重生活的精神。(5)尊重清洁的精神。

韩国“茶礼”，是指在节日，祖辈的生日或农历每月初一、十五时，在白天进行的简单的祭祀活动。正宗的茶礼意思则是指如何泡茶、喝茶，以及与茶有关的所有的茶事，即行茶法。它注重礼仪、气氛、喝茶的环境，以及喝茶人和泡茶人的心情。

2. 韩国行茶的普通特性

(1)茶本身的自然属性，要求诚心。

(2)喝茶人的身份地位平等。

(3)水与火、茶与茶具、客人与主人等所有的人事物均融为一体，不分彼此。简洁、不夸张、自然流水般、静静地行茶——用韩语来说就是“动线”。

四、韩国茶礼种类

韩国茶礼的种类繁多，且各具特色。

1. 皇室和贵族茶礼

朝廷举行大小事务时，常有茶奉给皇帝和大臣以及皇帝赐茶给大臣的仪式。八关会、燃灯会等国家节日，正月初一，君臣的宴会，判处大臣死刑时的仪式，皇帝举行祈雨祭礼活动或王室宴会时，都有茶礼。这种仪式在高丽前期特别流行。

(1)八关会，又名八关祭，在每年农历十一月十五日的王京(今开城，韩国地名)，或者在农历十月的西京(今平壤——朝鲜首都)，为祝愿国家和皇室太平举行的一种仪式。王和大臣都喝茶，所以讲究喝茶程序。八关会的起源在远古时代，秋收结束后，为感谢天神和始祖，举办祭天神、跳舞、吃东西、喝酒等活动。

(2)燃灯会。这是佛教很大的宴会，从新罗时代开始就有，它是为了让释迦牟尼高兴，使国家和皇室太平，于每年农历五月十五日开始举行；但是从朝鲜时代开始，改为农历四月八日举行。从皇宫到各个村都燃灯，皇帝和大臣们一起喝酒、听音乐、喝茶。

(3)祭。皇帝对神、释迦牟尼的祭祀，以祈求自己的愿望能实现，叫作祭祀茶。

(4)重刑奏对仪。重刑奏对仪是指皇帝和罪人、斩刑大臣们在一起喝茶，以使审判官员们公道、心态平静地审判。

(5)元会仪和宴会。元会仪是指在农历正月初皇帝早朝时的茶仪式。太子和大臣先洗手，然后泡茶的人先给皇帝倒茶，太子给皇帝倒酒，祝其长寿。

宴会是指请外国的使者参加茶宴会，表示对使者的欢迎。

(6)皇室茶礼。这是在太后或皇太子册封、太后或皇太子生日时进行的茶礼。

2. 高丽五行茶礼

韩国的传统茶礼，其形式与日本茶道相似，主要包括茶的冲泡和品饮，而高丽五行茶礼则大大突破了韩国茶礼的传统模式，以规模宏大、人数众多、内涵丰富，成为韩国最高层次的茶礼。高丽五行茶礼是古代茶祭的一种仪式。茶叶在高丽的历史上，历来是"功德祭"和"祈雨祭"中必备的祭品。五行茶礼的祭坛设置在洁白的帐篷下，并有八个绘有鲜艳花卉的屏风，正中挂着用汉文繁体字书写的"茶圣炎帝神农氏神位"的条幅，条幅下的长桌上铺着白布，长桌前有小圆台三只，中间一只小圆台上放青瓷茶碗一只。

五行茶礼的核心，是祭扫韩国崇敬的中国"茶圣"炎帝神农氏。茶礼中的五行均为东方哲学，包含12个方面：

(1)五方，即东西南北中。

(2)五季，除春夏秋冬四季外，还有换季节。

(3)五行，即金木水火土。

(4)五色，即黄色、青色、赤色、白色、黑色。

(5)五脏，即脾、肝、心、肺、肾。

(6)五味，即甘、酸、苦、辛、咸。

(7)五常，即仁、义、礼、智、信。

(8)五旗，即太极、青龙、朱雀、白虎、玄武。

(9)五行茶礼，即献茶、进茶、饮茶、品茶、饮福。

(10)五行茶，即黄色井户、青色青磁、赤色铁砂、白色粉青、黑色天目。

(11)五之器，即灰、大灰、真火、风炉、真水。

(12)五色茶，即黄茶、绿茶、红茶、白茶、黑茶。

五行茶礼是韩国国家级的进茶仪式。所有参与茶礼的人都有严谨有序的入场顺序，一次参与者多达五十余人。入场式开始，由茶礼主祭人进行题为"天、地、人、和"合一的茶礼诗朗诵。这时，身着灰、黄、黑、白短装，分别举着红、蓝、白、黄并绘有图案旗帜的四名旗官进场，站立于场内四角。随后依次是两名身着蓝、紫两色宫廷服饰的执事人、高举着圣火(太阳火)的两名男士、两名手持宝剑的武士入场。执事人入场互相致礼后分立两旁，武士入场要作剑术表演。接着是两名中年女子持红、蓝两色蜡烛进场献烛，两名女子献香，两名梳长辫着淡黄上装红色长裙的少女手捧着青瓷花瓶进场，另有两名献花女将两大把艳丽的鲜花插入青瓷花瓶。

这时，"五行茶礼行者"的十名妇女始进场，皆身着白色短上衣，红、黄、蓝、白、黑各色长裙，头发均盘于头上，成两列坐于两边，用置于茶盘中的茶壶、茶盅、茶碗等茶具表演沏茶，沏茶毕全体分两行站立，分别手捧青、赤、白、黑、黄各色的茶碗向炎帝神农氏神位献茶。献茶时，由五行献礼祭坛的祭主——一名身着华贵套装的女子宣读祭文，祭奠神位毕，即由十名五行茶礼行者向各位来宾进茶并献茶食。最后由祭主宣布“高丽五行茶礼”祭礼毕，这时四方旗官退场，整个茶祭结束。

3. 成人茶礼

韩国素以“礼仪之邦”着称，家庭、社会生活的各个方面都非常重视礼节。礼仪教育是韩国用儒家传统教化民众的一个重要方面。

韩国茶文化历史悠久，其茶礼以“和、敬、俭、美”为基本精神，每年的5月25日为韩国茶日，而成人茶礼是韩国茶日的重要活动之一。

通过成人冠礼教育，对刚满20岁的少男少女进行传统文化和礼仪教育，培养即将步入社会的青年人的社会义务感和责任感。

韩国成人茶礼的程序是：首先父母宾客入场相互致意、致礼，然后主持者和赞者(助手)入场，之后司会会长献烛，副会长献花，冠礼者进场向父母及宾客致礼。这时，司会会长致成年祝辞，进行献茶式，冠礼者合掌致答辞，并再拜父母，最后父母答礼。

4. 百姓生活茶礼

有茶店、献茶、丧礼和祭礼等类型。

5. 仪式茶

有以下几种仪式茶：供给释迦牟尼的献茶；法师去世时一起喝茶；打坐时法师自饮茶；斗茶，法师们进行茶和水的评比；庆祝茶礼；接宾茶礼；追念茶礼等。

6. 以名茶类型命名茶礼

以名茶类型命名茶礼有“末茶法”、“饼茶法”、“钱茶法”、“叶茶法”四种。现介绍叶茶法演绎流程：

(1)迎宾：宾客光临，主人先至大门口恭迎，并以“欢迎光临”、“请进”、“谢谢”等语句迎宾引路。宾客以年龄高低、顺序随行。进茶室后，主人立于东南向，向来宾再次表示欢迎后，坐东面西，而客人则坐西面东。

(2)温茶具：沏茶前，先收拾、折叠茶巾，将茶巾置茶具左边，然后将烧水壶中的开水倒在茶壶上，温壶预热，再将茶壶中的水平均注入茶杯，温杯后即弃之于退水器中。

(3)沏茶：主人打开壶盖，右手持茶匙，左手持分茶罐，用茶匙捞出茶叶置壶中。根据不同的季节，采用不同的投茶法。一般春秋季用中投法，夏季用上投法，冬季则用下投法。投茶量为一杯茶投一匙茶叶。将茶壶中冲泡好的茶汤，按自右至左的顺序，分三次缓缓注入杯中，茶汤量以斟至杯中的六、七分满为宜。

(4)品茗：茶沏好后，主人以右手举杯托，左手把住衣袖，恭敬地将茶捧至来宾前的茶桌上，再回到自己的茶桌前捧起自己的茶杯，对宾客行“注目礼”，口中说”请喝茶”，来宾答“谢谢”后，宾主即可一起举杯品饮。在品茗的同时，可品尝各式糕饼、水果等清淡茶食用以佐茶。

此外，还有闺房茶礼、君子茶礼、旅游茶礼等茶礼表演。

五、韩国的生活茶行茶法

据《茶馆与茶艺》(刘勤晋编著)所述，韩国的生活茶行茶法如下。

1. 茶礼仪式

(1)场所，即家里客厅。

(2)人员，即主人及友人。

(3)仪式，即生活茶行茶法。

2. 茶具

生活茶的茶具，即点茶用的茶具。

(1)煮水器。具体有铁瓶、茶铛、石鼎。

(2)风炉。即砖石风炉。

(3)茶品。即孺茶、脑原茶。

(4)茶桶。为青瓷制。

(5)茶杯。有镶嵌青瓷茶碗、金花鸟盏、翡色小具。

(6)茶托。即青瓷盏托。

(7)茶碾。即石磨茶碾。

(8)水桶。为青瓷制。

(9)茶匙。有银制、铜制、青瓷制。

(10)茶巾。为麻质。

(11)茶桌。为木制。

(12)茶筅。为银制、铜制。

(13)退水器。为青瓷制。

3. 韩国生活茶行茶流程

(1)首先在庭院里准备茶具和水。

(2)在砖石风炉中点火，将水倒入铁瓶，把铁瓶放在风炉上开始煮水。

(3)用石磨茶碾将茶磨碎成较细的茶粉放在茶桶里(点茶法所用的孺茶和脑原茶的团茶要求茶末越碎越好)。

(4)在茶桌上准备青瓷茶碗、茶桶、茶匙、茶巾。

(5)将茶桌搬到喝茶的地方，风炉上的水开了以后，将风炉搬过去。

(6)把铁瓶里的开水倒入茶杯里预热。

(7)将茶杯里预热的水倒入退水器后，茶杯放在茶桌上，将茶粉加入茶杯里，其用量为一匙半较适合，要浓茶汤则再加。

(8)把铁瓶里的开水倒少许入茶杯，用茶筅搅拌后加适量的开水再搅拌，搅拌时泡沫越多效果越好，自己选择茶的浓度。

(9)搅拌均匀且适度，否则茶汤中将出现茶粉颗粒。

第三节　英国下午茶

一、英国茶文化发展历程

1. 17 世纪英国的茶文化

17 世纪，中国茶叶直接销往英国。当时英国进口的中国茶叶种类主要是红茶。在 17 世纪中后期，红茶是英国上层社会追逐的时尚。

1657 年，商人托马斯·加韦在伦敦开设了一家加韦咖啡屋，首次向公众售茶。

1662 年，葡萄牙的凯瑟琳公主嫁给英国国王查理二世。凯瑟琳公主从小喜好喝茶，在其嫁妆中有一套精美的中国茶具和 221 磅红茶。在她的引导下，饮茶很快成为当时英国上层社会的时尚，她也因此被人们称为“饮茶王后”。

17 世纪的英国，由于茶叶的价格昂贵，一般人消费不起，因此，茶叶还只是作为一种英国贵族阶层享用的奢侈品而存在。

2. 18 世纪的英国茶文化

18 世纪初，英国增加绿茶品类进口，同时也加大销量，但由于绿茶价位较高，掺假现象又很严重，很大程度上破坏了绿茶的信誉，导致 18 世纪 30 年代中期，英国的茶叶输入改为以红茶进口为主，其销售对象是英国广大的下层民众。与绿茶相比较，红茶的价格相对便宜，因而逐渐占据了英国茶叶市场。

18 世纪中叶后，饮茶之风逐渐在英国城乡各阶层中普及，成为英国人不可或缺的大宗消费品。到 18 世纪末，仅伦敦一地就有大约 2000 个茶馆，可以说从英格兰的多佛到苏格兰的阿拉丁，茶之芬芳无处不在，“茶”成为英国的国饮，英国的茶文化也由此形成。

3. 19 世纪的英国茶文化

19 世纪，英国成功实现了茶叶输入格局的多元化。茶叶的来源国由中国一国扩展至印度、锡兰(今斯里兰卡)等国。

这一时期，逐渐便宜的茶叶成为英国人每天生活的必需品，此时英国的茶叶消费量几乎是欧洲其他国家的总和。英国人早晨起床饮茶一次，称为“床茶”；上午饮茶一次，称为“晨茶”；午后饮茶一次，为“下午茶”；晚餐后再饮茶一次，称为“晚茶”。茶对英国的影响力与日俱增。

在下午茶的推广过程中，当时的英国女王维多利亚起到了推波助澜的作用。饮茶不仅形成了独特的礼仪规范，而且上升为一种多姿多彩的文化。茶会成为当时流行的一种社会活动形式。

4. 20 世纪以来的英国茶文化

20 世纪以来，英国茶叶进口的来源更为多样，几乎遍及所有的茶叶生产国，包括肯尼亚、印度、印度尼西亚、马拉维、斯里兰卡和中国。

20世纪初至第二次世界大战，英国的饮茶之风长盛不衰。英国的人均茶叶年消费量居世界第二位，茶饮仍是人们消费量最大的饮料，稳居英国“国饮”的地位。

二、英国茶文化茶事茶话

1. 茶文化精神

在英国，下午茶虽然没有法律条文规定，但蔚然成风，形成了优雅自在的下午茶文化，也成为正统的“英国红茶文化”。英国人号称是“生来自由”的民族，下午茶成为每日生活中雷打不动的小憩，更透出这个民族的闲适情调和人们追求个人权利的态度。马晓俐将英国茶文化精神概括为“贵、雅、礼、和”。①

2. 礼仪

(1)喝下午茶的最正统时间是下午4点(就是一般俗称的low tea)。

(2)通常是由主人着正式服装亲自为客人服务，不得已才请女佣协助，以表示对来宾的尊重。

(3)一般来讲，下午茶的专用茶为祁门红茶、大吉岭红茶、伯爵茶、锡兰红茶，若是奶茶，则是先加牛奶再加茶。

(4)品赏精致的茶器。维多利亚下午茶是一门综合艺术，简朴却不寒酸，华丽却不庸俗。虽然喝茶的时间与吃的东西(指纯英式点心)是正统英式下午茶最重要的一环，但是少了好的茶品、瓷器、音乐甚至好心情，则下午茶就显得美中不足了。

(5)严谨的态度。在以严谨的礼仪要求著称的英国，下午茶逐渐产生了各式各样的礼节要求与习惯，传统英国下午茶是仅次于晚宴的非正式社交，很讲究姿势姿态。轻轻拿起茶杯(以前必须用大拇指和食指捏住杯柄，现在也可以把手指伸进杯圈)，把杯子送到嘴边，茶得小口慢饮，点心要细细品尝，低声絮语，举止端庄。两手的手腕部位尽量不要紧贴身体，如果藏着让人完全看不到，这种姿势代表你在封闭自己，很不礼貌。别人说话的时候，眼神要温和地平视对方，表示你很关注；手机响了，如果对方有话正好说到一半，不能粗鲁地打断，在谈话间隙跟对方抱歉然后接听。

时至今日，下午茶的礼仪已经简化很多，大多数英国人会在家里泡上一壶好茶，奉上精美的茶点和水果，在小院里或者窗边，沐浴着温暖的日光与好友倾心攀谈一阵，放松而又自在。

3. 茶品

中国是红茶的发源地，最早的英国红茶来自中国的正山小种，此后，印度和斯里兰卡也逐渐成为世界上主要的红茶生产地。中国祁门红茶、印度大吉岭红茶、锡兰红茶被称为世界三大高香红茶。

中国的红茶产量占茶叶总生产量的约1/4，大部分红茶外销。中国红茶产区分布很

---

① 马晓俐:《多维视角下的英国茶文化研究》，浙江大学出版社2010年版。

广，从北至南、从西至东，品类很丰富，有小种红茶、功夫红茶。大多红茶呈条状，口感清爽，适合清饮，但调饮起来也颇具风味，有正山小种、祁门红茶、苏红功夫、川红功夫、坦洋功夫、海南红茶、宁红功夫、湘红功夫、白琳功夫、宜红功夫、滇红功夫、政和功夫、英德红茶、桂红功夫、台湾红茶、九曲红梅、黔红功夫和越红功夫等，都极具有代表性和特色。

印度的气候和日照条件很适合种植茶叶，出口的红茶半数是产于东北部的大吉岭、阿萨姆茶以及南印度的尼尔吉利茶。这些高品质的红茶一直都是以正宗传统的方法制作出来的。

斯里兰卡的岛国气候和地理环境很适合种植茶叶，以前斯里兰卡在西方一直被称为锡兰，直到1972年独立后才改名为斯里兰卡，不过茶叶仍被称为锡兰茶。斯里兰卡的茶叶香气纤细优雅、口感耐人寻味，尤其适合调饮，有乌沃茶、汀布拉茶与努沃勒埃利耶茶。

4. 茶具

瓷器茶壶(两人壶、四人壶或六人壶，视招待客人的数量而定)、滤匙及放过滤器的小碟子、杯具组、糖罐、奶盅瓶、三层点心盘、茶匙(茶匙正确的摆法是与杯子成45度角)、个人点心盘、茶刀(涂奶油及果酱用)、吃蛋糕的叉子、放茶渣的碗、餐巾、一盆鲜花、保温罩、木头托盘(端茶品用)、蕾丝手工刺绣桌巾或托盘垫，这些是下午茶很重要的配备，象征着贵族生活。

5. 茶点

英国下午茶的点心用三层点心瓷盘装盛，最下面一层可以放一些有夹心的味道比较重的咸点心，如三明治、牛角面包等；中间那层放的是咸甜结合的传统点心，一般没有夹心，如英式松饼和培根卷等；最上面那层则放蛋糕、水果塔以及几种小甜品。下午茶中的特色点心、手工饼干、牛角面包等都是英国下午茶中特有的不可或缺的点心，维多利亚时代这些点心都是手工制成，现烤现吃，热的时候味道更好。

茶点的吃法，应该遵从味道由淡而重，由咸而甜的法则。先尝尝带点咸味的三明治，让味蕾慢慢品出食物的真味，在啜饮几口芬芳四溢的红茶，接下来是涂抹果酱或奶油的英式松饼，让些许的甜味在口腔中慢慢散发，最后才由甜腻厚实的水果塔带领你经历品尝下午茶点的最高潮。

6. 服饰

在维多利亚时代，男士身着燕尾服，女士则是长袍。现在每年在白金汉宫的正式下午茶会，男性来宾则仍是燕尾服，戴高帽及手持雨伞；女性则穿白色洋装，且一定要戴帽子。

7. “英国下午茶”演绎流程

英国下午茶的冲泡分为清饮和牛奶调饮等方式。

(1)清饮的流程：

①煮水：用新鲜的水注入煮水壶里煮沸，新鲜的水含有很多空气，煮沸后使用，红茶的味道才能更好地冲泡出来。

②温器：用沸水温热茶壶、茶杯。

③置茶：使用茶匙，一匙为2.5~3克。原则上一杯一茶匙，可酌情加减。

④冲泡：将沸水注入盛有茶叶的壶里。一般在沸腾之后约30秒，待水花形成一元硬币大小的圆形，此时冲泡红茶最合适不过了。

⑤浸泡：冲泡之后，马上盖上盖子浸泡，让茶叶沉到壶底，需4~5分钟。一般以叶子沉到壶底或叶子展开为标准，也可视喜好调整浸泡时间。

⑥倒茶：泡好的茶用茶匙轻轻搅拌，使茶汤浓淡均匀，使用茶滤，将茶汤倒入温暖的茶杯中。遵循这样的方式，就可以泡出一杯色泽艳丽、香气馥郁、滋味浓厚而好喝的红茶。

(2)牛奶调饮的流程(流程与清饮大体相同)：

①煮水：用新鲜的水注入煮水壶里煮沸。

②温器：温壶、温盅。

③准备牛奶：倒掉温茶盅的水，注入牛奶。

④置茶：使用茶匙，一匙为2.5~3克。原则上一杯一茶匙，可酌情加减。

⑤冲泡：将沸水注入盛有茶叶的壶里。

⑥放牛奶：一杯为2~3茶匙，加入砂糖。牛奶的温度常温，既不会使红茶温度变冷，也不会盖过红茶的香气。

⑦倒茶：使用茶匙将茶汤搅拌均匀，再使用茶滤将茶倒入盛有牛奶的茶杯中。

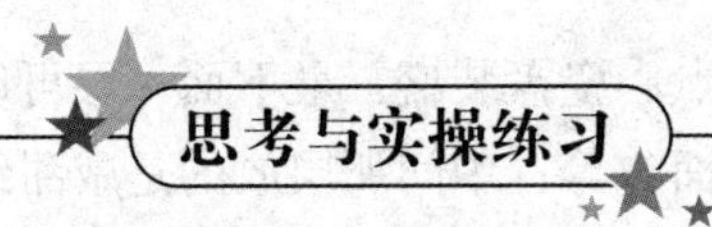

思考与实操练习

1. 日本茶文化发展历程可分为哪几个时期?
2. 日本茶道精神可以归纳为哪“四谛”?
3. 简述韩国茶文化发展历史。
4. 韩国茶礼的含义具体是什么?
5. 韩国茶礼表演的种类有哪些?
6. 请从日本茶道、韩国茶礼、英国下午茶等外国茶艺中，任选其一进行茶艺表演。

第八章

创意茶艺

创意茶艺是一门创新艺术，是具有新颖性和创造性构思的有主题的茶艺。它与以现实或史实题材编创的茶艺有所不同。本章之前所述，仿古茶艺以历史相关人物、现象、事件等资料为素材，经艺术加工与提炼而成，具有深厚的历史文化底蕴；民俗茶艺根据我国各民族传统的地方饮茶风俗习惯，经艺术加工与提炼而成，以反映各民族的民俗茶文化；宗教茶艺主要是反映佛教、道教等的茶事活动；外国茶艺是展现各个国家颇有特点的饮茶品茗习俗。这些题材有许多也是具有主题性的茶艺形式，其是否属于创意茶艺，在于我们对这些题材进行编创时，如果不是非常严格地依照历史史实进行展现，对题材有所改编，对宗教信仰、民俗特征、地域风情的题材取其精髓，但进行了较大的艺术加工，都属于创意茶艺范畴。创意茶艺由于其创意性的特征，它可以根据生活中的某个或某几个素材所触发的灵感，根据情节发展的需求作无限的想象；它可以超越现实或史实作艺术性的升华，形成故事题材；当然，它也必须把握好尺度，要符合茶艺编创的原则和规范，不能脱离逻辑性的轨道；其内容要有积极的、正面的、向上的意义，使人们在领略创意茶艺之艺术美之余，还能够有所思、有所悟、有所获。

创意茶艺的“创意性”目前还存在争议，受众、业内人士和学者们从自身的审美角度对其审时度势，予以评判。由于角度不同，人们往往对于同样的一个创意茶艺作品评判观点不一致，褒贬不一，所得结论相差甚大。但是，当代茶艺表演形式经过近 30 年的发展与推进，时代已赋予它滋生与成长的土壤以及关注与喜欢它的受众，人们期待着它能孕育出更多富有艺术内涵的表演形式。既然茶艺表演已经构成一门具有独自特色的艺术表现形式，就应该根据社会的发展和时代的进步允许其通过创意的手法竞相绽放。

第一节　创意茶艺编创

创意，指具有新颖性和创造性的想法和构思；编创，指编写创作。编创者将选择好的题材与相应的茶艺形式结合，通过综合性艺术的创意设计，使之形成富有新意的、具有创造性构思的、有主题内容的茶艺表演艺术形式。

要编创好具有创意性的茶艺表演作品，首先必须了解茶艺表演的构成。本书在第一章第一节提出，茶艺表演是通过表演者的手眼身法步将茶的泡瀹技艺与视觉艺术、听觉艺术相结合，构成一个具有主题内容的综合性艺术表现载体。依此可以看出，茶艺表演构成主要是由主题、茶艺展示、综合艺术表现三大部分组成。主题是作品内容的灵魂核心，茶艺展示是作品形式的表现主体，综合艺术表现就是充分借用不同艺术门类的各种可为我用的表现手法，来实现茶艺作品艺术品位的升华。创意茶艺在编创过程中，编创者在考虑茶艺表演的舞台艺术与大众审美关系时，首先必须牢牢把握将茶艺展示作为作品表演形式的主体，尊重茶性，科学把握不同茶品的行茶手法，其次才是创新艺术的拓展和综合艺术的融合。

一、主　题

创意茶艺表演作品一般要求有主题内容，其作品所表达的主题内容大致归纳为三种类型：一是以茶类茶品为主题；二是以与茶有关联的人或事物为主题；三是以品茗意境为主题。

主题是茶艺表演作品内容的主体与核心，它可以是一句简短的话，也可以是一段话。主题是编创者对客观现实生活的观察、体验、分析、研究以及对客观材料的处理、提炼而得出的思想结晶。它既包含所反映的现实生活本身所蕴含的客观意义，又集中体现了作者对客观事物的主观认识、理解和评价。主题要求新颖、鲜明、准确、有内涵，要能给人以启示。因此，要求编创者对其所选用题材的历史背景、社会环境、时代风貌、地方习俗以及人物语言等，都要作深入的了解、认识和研究。

1. 提炼主题

(1)搜集素材。素材来自生活的原始材料和历史资料，有直接的内在的素材，即本人亲身经历或目睹的事实；也有间接的外在的素材，即从文字资料中收集或耳闻的信息。它可以来自于不同的经历、不同的故事、不同的历史、不同的传说、不同的茶品、不同的茶俗、不同的宗教、不同的文化、不同的民族、不同的国度……素材的搜集可以说是斑斓绚丽，丰富多彩。素材经过多个角度的挖掘，可以服务于多个不同的主题。

(2)选择题材。题材是在大量的素材基础上，经过选择、提炼、加工、发展，组织成用以构成艺术形象、体现主题思想的具体生活材料。举例如下：

【例 1】选用故事题材：从文学底蕴深厚的古典名著《红楼梦》中选取探春远嫁的故事。探春才自精明志自高，是个大气、有人生抱负、具有男子性格的女子，由此，编创者特地选用武夷岩茶的冲泡手法与之搭配，以岩韵与花香衬托探春须眉之风骨，并经加工提炼，引申出探春江边码头绯装沏茶告别父老乡亲之情节。

【例 2】从某个历史题材中触发出的新颖性想法：编创者从魏晋时期“竹林七贤”常聚集于当时山阳县竹林之下，追求不拘礼法的生活方式产生创意灵感，以此素材进行加工、发展，摈弃其肆意酣畅、饮酒纵歌的史实情节，假以山野竹林品饮香茗之场景，这是何等饱享大自然、清净无为之境界。

【例 3】营造诗一般意境的浪漫题材：舞台上，几束朦胧的灯光映照着两位白衣少女。一位沉浸在黑色钢琴的演奏中，另一位亭亭玉立于茶席座前，和着优雅抒情的钢琴旋律在冲泡佳茗；透过那袅袅的茶烟，烛光中，水晶杯不时地折射出琥珀色的红茶茶汤，映衬着深红色的玫瑰花……这里的一点一滴赋予人们如诗如画般的浪漫情调，是多么沁人心脾。

【例 4】根据生活中的某些社会现象为素材引发构思，提炼出创意题材：素材一，“识人难”；素材二，傩面具①；素材三，普洱茶。傩面具，这自远古而来的文明，以其与生俱来的神秘让人痴迷向往。编创者针对世上难于识人，通过每个人都戴着面具，人世间的交往亦真亦幻的具象形式，来揭示人心相隔这一社会现象。而普洱茶因其滋味醇厚、陈香显著被选用；冲泡普洱茶就犹如年长智者在氤氲茶香中话语人生，从容、淡定。那么，茶能否清心，能否融化人与人之间心灵之隔膜?!这就是编创者选择这一题材的立意所在。

(3)主题立意。当我们对丰富的素材加以选择、提炼使之转化为题材的过程中，主题思想也得到了提炼。因而在确定所采用的题材后，必须点明主题。主题立意要新颖，要有独创性，切不可与人雷同；要与茶艺紧密相扣，以利于茶艺展示。作品名字既是主题的高度概括，也是表现内容的精髓，故作品名要切题，要简明精练，意味深长；可以婉转含蓄，也可以直奔主题。如上示例：

【例1】红楼梦金陵十二钗之探春，为挽救贾府每况愈下的衰败运势，毅然孤身远嫁和番。本作品以探春远嫁故事为题材，展现探春在江边码头绯装沏茶，告别父老娘亲之情景。茶艺选用武夷岩茶冲泡，以岩骨花香衬托探春须眉之风骨。洞箫与钢琴相结合的音乐，烘托着离别时伤感却又刚烈的气氛，并预示探春即将融入外番，面对未知人生。主台采用双壶冲泡技法，侧台随从采用盖碗冲泡。作品力求展现中华茶艺形式的丰富多彩及内涵底蕴之深厚隽永。香浓韵醇的武夷岩茶倾注着探春无以言表的情感，故命名为《情沁岩韵》。

【例2】魏晋时期，有七位文人贤士常聚于当时山阳县的竹林之下，肆意酣畅，追求生活上不拘礼法，清净无为，享受大自然，被后世称为竹林七贤。本作品根据“竹林七贤”触发创意灵感，借古人豪迈诗情，抒发今日茶人满怀壮志之情感。竹林中设席，采用七只品茗杯以北斗七星摆阵，“七星”亦影射七贤，取名《竹映七星》。

【例3】红茶，以其独有的浪漫和优雅，深受全世界爱茶人的喜爱。1662年葡萄牙公主凯瑟琳将“正山小种”红茶作为嫁妆，带入英国皇宫，引领皇室饮茶时尚，使品饮红茶风靡英伦，塑造了茶高贵华美的形象。从此，茶，这片来自东方的树叶，走进了西方人的生活。西式的浪漫气息，东方的典雅含蓄，在红茶的世界里找到了交集，给人耳目一新的感觉。本作品将钢琴、玫瑰花、烛光、水晶杯等结合，以渲染品饮红茶之浪漫意境，取名《浪漫红茶》。

【例4】有人说，世界上每个人都戴着面具，人世间的交往亦真亦幻?!本作品将傩文化中的傩面具元素融入普洱茶的冲泡过程。普洱茶滋味醇厚，陈香显著，犹如年长智者在氤氲茶香中话语人生，从容、淡定。透过普洱茶袅袅茶烟，我们看到，在纷呈世相中，人们因茶结缘。在茶的世界里，大家专心泡茶，虔诚敬茶，用

① 傩面具是汉族傩文化的重要组成部分，它用于傩仪、傩舞、傩戏，是较为原始的面具造型。

心品茶；在茶的面前，滤尽浮躁，淡泊心境，融化心灵之隔膜，自然地褪去面具，当下无我，物我两忘，渐入天人合一之境界。依此命名为《香馨傩影》。

2. 结构布局

结构是茶艺表演作品中各个局部的组织和排列方式，它体现着整体对于各个局部的合理安排，它是编创者根据作品内容和形式表达的需要所作的布局，以使各个局部排列有序、主次分明、长短配合得当、轻重对比合理，从而使表现形式和谐统一。合理的结构布局为整个作品提供了一个定型的框架和实施蓝图。

茶艺表演作品是以茶品的泡瀹为基础，并通过结合视觉、听觉等综合艺术来充分展示茶艺文化的审美过程。它虽然具有主题内容，但不以人物性格冲突和矛盾冲突作为情节发展的手段，因而情节相对单一，剧情发展基本不存在悬念。在结构的布局上，可以将作为茶艺表演基础的行茶流程设作“主部”。行茶流程大多分为三个阶段：准备阶段、泡瀹阶段、完成阶段。准备阶段包括备茶、择水、煮水、布具等；泡瀹阶段包括基础茶艺的基本流程、其他茶艺的特定流程等；完成阶段包括奉茶、敬茶、品茗等。行茶流程得出的结构图见图 8.1.1：

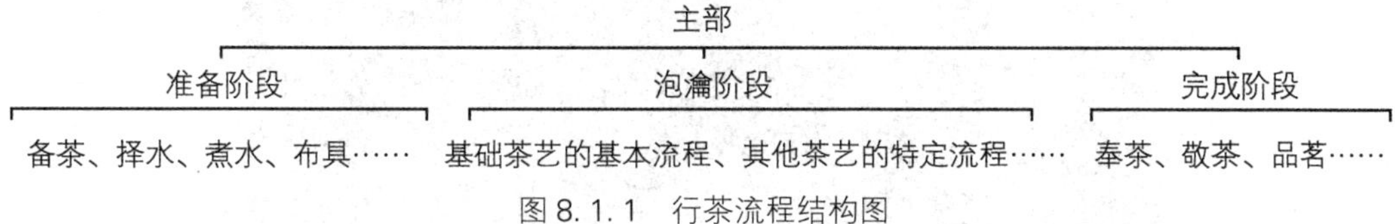

图 8.1.1　行茶流程结构图

为了使茶艺表演作品更具有艺术性和可观赏性，可以在主部的前后加上引子和尾声。引子包括：出场、行茶前的铺垫表演、入席。尾声包括：主题的延伸、谢幕或退场。由此列出茶艺表演作品总结构图见图 8.1.2：

引子　　主部　　尾声

出场　行茶前的铺垫表演　入席　…略…　主题的延伸　谢幕或退场

图 8.1.2　茶艺表演作品总结构图

引子和尾声必须紧扣主题内容。如创意茶艺作品《阳关溯梦》以古代丝绸之路上一家人的送别为题材，描述父亲外出贩茶多年音讯全无，为谋生计，姐姐毅然继承父业加入茶商驼队；在作品引子部分，表演者的出场以戏曲圆场形式，勾画出母亲与妹妹依依不舍，不畏艰难，从长安城一路相送直至阳关的感人场面(见图 8.1.3、图 8.1.4)。

《阳关溯梦》的尾声部分，也没有按常规在敬茶之后就结束，而是做了延伸，增加告别情节和展望：“念去去万里茶道，何日变通途”，母亲和妹妹挥手眺望，企盼家人早日得以团圆……作品最后以穿越法展现当今“一带一路”的背景，预示着千年丝路将越走越宽广(见图 8.1.5)。

图 8.1.3　创意茶艺《阳关溯梦》引子 1

图 8.1.4　创意茶艺《阳关溯梦》引子 2

图 8.1.5　创意茶艺《阳关溯梦》尾声 1、2

以上茶艺表演作品总结构图是为了方便理解所作的框架结构，在具体的编创过程中，并不是每个结构部分都要用上，而应根据作品主题情节的需求，对结构的布局作合理的删减和安排。作品的总体时长一般不超过15分钟，主部时长≥4/5，其他部分总时长≤1/5。

创意茶艺表演作品还出现复合型结构，它是一种纵向的、立体的结构。此时的茶艺表演已经融入到多项的艺术表现形式中。如创意茶艺作品《琴箫诗·茶韵》，以文人茶艺的表演形式，将古琴的弹抚、洞箫的吹奏、茶诗茶联的吟诵，同时融入到整个行茶过程之中，此起彼伏，见图8.1.6。

图8.1.6 创意茶艺《琴箫诗·茶韵》剧照

3. 人物安排

茶艺表演中的人物安排有单人表演和多人表演之分。多人表演时，可以分为主泡、助泡、副泡和其他人员等4种角色类型。

(1)主泡。主泡，顾名思义就是最主要的茶品冲泡者，是茶艺表演节目中的核心人物。

(2)助泡。助泡，指协助主泡完成茶的冲泡任务的角色。

(3)副泡。副泡，次于主泡的茶品冲泡者，其茶艺表演的形式和动作可以与主泡相同，也可以区别于主泡。

(4)其他人员。其他人员，指在茶艺表演节目中出现，但不直接参与茶品冲泡的其他角色。其他人员的角色安排和具体数量，要根据作品编创内容的需求来定。

主题是作品的灵魂。整体结构的安排、形象塑造、材料取舍和表演编排都要围绕主题进行，茶席、服饰、音乐、动作、场景等的运用都必须与主题融为一体，使之贯穿于整个节目的始终。当前有些茶艺表演作品编创的主题不明确，情节生拼硬凑，牵强附会。为了吸引人们的眼球，有的在茶艺展示之前贴膏药似的加入一段与主题并无太大关联的舞蹈；有的舞蹈时间甚至占用了整个节目的一半以上，使大家弄不清该节目是舞蹈表演还是茶艺表演；也有的让舞者在茶艺展示的同时，围着茶艺冲泡者转着跳，令人眼花缭乱；更有甚者，在茶艺表演中加入拳刀棍术或夸张、低俗的动作等，使得整个节目不伦不类，闹多于静，缺乏茶艺表演的韵味和文化底蕴。

二、茶艺展示

茶艺展示是茶艺表演作品形式的表现主体，由茶席和行茶流程两个部分组成。

1. 茶席

什么是茶席？茶席的含义应从“席”字引申而来。据说茶席始于唐。唐朝时期，随着中国茶文化的初步形成，饮茶风气兴盛。唐朝以前的人习惯席地而坐，在宴饮品茗时，席是座位，也是茶品陈列摆放的平台，故称茶席。但遍查中国茶文化史料，“茶席”一词的由来无从考证，茶席是从酒席、筵席、宴席转化而来。茶席名称最早出现在日本、韩国茶事活动中。在茶文化日趋繁荣的当今，“茶席”一词的定义亦是各说其词。乔木森在《茶席设计》一书中介绍，日本的“茶席”指的是茶屋；韩国的“茶席”指的是为喝茶或喝饮料而摆的席；我国台湾的“茶席”多指茶会。① 丁以寿在其主编的《中华茶艺》中写道：“茶席有狭义与广义之分，狭义的茶席是单指从事泡茶、品饮或兼及奉茶而设的桌椅或地面。广义的茶席则在狭义的茶席之外尚包含茶席所在的房间，甚至还包含房间外面的庭园。”②童启庆在《影像中国茶道》中指出：“茶席是泡茶、喝茶的地方，包括泡茶的操作场所、客人的坐席以及所需气氛的环境布置。”③周文棠在《茶道》中说：“茶席是沏茶、饮茶的场所，包括沏茶者的操作场所、茶道活动的必需空间、奉茶处所、宾客的坐席、修饰与雅化环境氛围的设计与布置等，是茶道中文人雅艺的重要内容之一。”④乔木森在其所著的《茶席设计》中表述：“茶席，首先是一种物质形态，实用性是它的第一要素。茶席，同时又是艺术形态，它为茶席的内容表达提供了丰富的艺术表现形式。”⑤这些论述为大家了解茶席打开了思路。

就创意茶艺而言，茶席是经过艺术设计的为茶艺展示提供的泡茶的平台。茶席平台为满足茶艺冲泡技能展示的需求，可分为台面和地面两种类型。

茶席是茶艺表演作品的静态表现，属于视觉艺术。作为茶艺展示的艺术平台，茶席的设计要吻合茶艺表演作品主题的立意，准确体现主题所要表达的意境，要对作品主题的文化内涵起到衬托、点缀的作用。茶席设计以茶为灵魂，以铺垫为平面基础，以茶具为空间表现核心，加以与其他艺术饰品的精心搭配，由此形成结构错落有致、色调协调一致、极具欣赏价值的艺术组合体。

茶席设计包含茶品选用、茶具组合、席面铺垫、饰品搭配等 4 个方面内容。

(1)茶品选用。茶艺表演，茶字首当其冲，茶是茶艺表演作品之灵魂。因此，在进行茶艺表演编创时，当作品主题确定后，选择用什么茶冲泡非常重要。编创者一方面要

---

① 详见乔木森：《茶席设计》，上海文化出版社 2005 年版。

② 丁以寿：《中华茶艺》，安徽教育出版社 2008 年版。

③ 童启庆：《影像中国茶道》，浙江摄影出版社 2002 年版。

④ 周文棠：《茶道》，浙江大学出版社 2003 年版。

⑤ 乔木森：《茶席设计》，上海文化出版社 2005 年版。

把握主题所要表达的思想立意，另一方面又要熟悉茶性。思考如何巧妙地利用不同茶类的品质(如外形、色泽、香气、滋味)、品名与作品内容相融合，相得益彰。如创意茶艺作品《情沁岩韵》的茶品选用武夷岩茶，以岩韵花香衬托主人翁探春巾帼不让须眉之风骨；红茶习性浪漫、包容性强，将它选为创意茶艺《浪漫红茶》的冲泡茶品，体现中西方文化的融合，最合适不过了。

(2)茶具组合。选择创意茶艺作品的茶具组合要综合考虑以下几点：

①尊重茶性，依据茶品选择最佳茶具。如何泡好一壶茶，使茶性得到最好的发挥，茶汤品质是衡量茶艺表演一个不可或缺的要素。不同的茶类、不同的茶叶品种具有不同的茶性，应根据茶性选择适合的茶具。

②依据泡瀹手法选择茶具。饮茶始于西汉，从西汉至今，茶的泡瀹方法在不断发展变化，产生多种泡瀹手法，如传统烹饮方法有煮、煎、点、泡等四种；当代茶界通用的冲泡手法有杯泡法、盖碗泡法和壶泡法等。不同的泡瀹手法使用的器具是不同的。因此，要按照作品主题表现内容来确定茶的泡瀹手法，并依此选定茶具组合。

③依据不同的时代、民族、民俗、场面、风格选择茶具。我国茶具自古以来就种类繁多，造型优美，如唐代煎茶组合、宋代点茶组合等；茶圣陆羽在《茶经·四之器》中列出茶具 24 种；唐文学家皮日休在《茶具十咏》中列出茶具有“茶坞、茶人、茶笋、茶籝、茶舍、茶灶、茶焙、茶鼎、茶瓯、煮茶”等 10 种；在各古籍中提到的茶具亦有“茶鼎、茶瓯、茶磨、茶碾、茶臼、茶柜、茶榨、茶槽、茶宪、茶笼、茶筐、茶板、茶挟、茶罗、茶囊、茶瓢、茶匙”等；各民族、各民间茶俗也都有其独特的烹饮器具，如白族三道茶茶具组合、佤族烤茶茶具组合、傣族竹筒茶茶具组合、藏族酥油茶茶具组合、侗族打油茶茶具组合等、武夷功夫茶茶具组合、潮汕功夫茶茶具组合、台湾功夫茶茶具组合、江南农家茶茶具组合、川渝盖碗茶茶具组合等；当代泡饮常用的茶具主要有茶壶、茶杯、茶碗、茶盏、茶盅、茶碟、茶船、茶盘、茶荷、茶罐、茶盒、烧水器以及相应的配套用具、辅助用具等。

④茶具的材质分陶瓷、紫砂、玻璃、金属、漆器和竹木等几大类。选择茶具时，要根据不同的时代、民族、民俗、场面和风格特点，使器形、材质、功能和容量等方面的设计符合特定的要求。

⑤在同一个作品中，有时为了避免冲泡手法的单一，在符合茶性的基础上，可以同时选用不同的茶具冲泡。如创意茶艺《情沁岩韵》选用的茶品是武夷岩茶，在茶具上，主泡采用双壶冲泡技法，选择双壶茶具组合；副泡采用盖碗冲泡，力求展现中华茶艺形式的丰富多彩及内涵底蕴之深厚隽永。

茶具组合及摆放是茶席布置的核心。古代茶具组合“茶为君、器为臣、火为帅”的原则在创意茶艺中也是实用的，但有时根据作品情节的需求，亦可做艺术性的调整。

(3)席面铺垫①。席面指茶席的平面区域，分为桌(台)面和地面两种。铺垫，即铺放衬垫，指铺放在茶席席面上和茶席摆放物件下的铺垫物。其直接作用，一是使茶席中

---

① 乔木森：《茶席设计》，上海文化出版社 2005 年版。

的器物不直接触及桌(地)面，以保持器物清洁；二是以自身的特征为茶席起基础和烘托的作用，共同体现作品主题。

铺垫的材质、款式、大小、色彩、纹路等，应根据茶艺作品主题立意的不同要求，运用对称、不对称、烘托、反差、渲染等手段加以选择。或铺桌(台)上，或摊地下，或搭一角，或垂另隅，既可如流水蜿蜒之意象，又可作绿草茵茵之联想等。

①铺垫的材质类型：铺垫的材质类型有织品类和非织品类。织品类的有棉布、麻布、化纤、蜡染、印花、毛织、织锦、丝绸、手工编织等类型；非织品类的有竹编、草秆编、树叶铺、纸铺、沙石铺、瓷砖铺等类型。此外，也可不加铺垫。

铺垫的选定要与茶艺主题和茶具组合以及表演者的服饰、场景的色彩相协调。

不铺，是指以桌(台)面和地面本身为铺垫。不铺的前提，是桌(台)面和地面本身的材质、色彩、形状等符合作品主题的要求，如清式茶桌已经喻示了清代风格；竹制或原木的茶桌(台)，业已赋予山野乡村的象征。看似不铺，其实也是一种铺。善于不铺，往往最能体现编创者的文化与艺术功底。

②铺垫的形状：铺垫的形状一般分为正方形、长方形、三角形、菱形、圆形、椭圆形、多边形和不确定形。

正方形和长方形，多在桌铺中使用。又分为两种，一种为遮沿型，即铺物比桌面大，四面垂下，遮住桌沿；一种为不遮沿型，即按桌面形状设计，又比桌面小。以正方形和长方形而设计的遮沿铺，是桌铺形式中属较大气的一种。许多叠铺、三角铺和纸铺、草秆铺、手工编织铺等都要依赖遮沿铺作为基础。因此，遮沿铺往往又称为基础铺。遮沿铺在正面垂沿下常缝上一排流苏或其他垂挂，更显其正式与庄重。

③铺垫的色彩：把握铺垫色彩的基本原则：单色为上、碎花为次、繁花为下。

单色最能适应器物的色彩变化，即便是最深的单黑色，也绝不夺器。茶席铺垫中选择单色，反而是最富色彩的一种选择。

碎花，包含纹饰，在茶席铺垫中，只要处理得当，一般也不会夺器，反而能恰到好处地点缀器物，发扬器物。碎花、纹饰会使铺垫的色彩复调显得更为和谐。

繁花在一般铺垫中不建议使用，但在某些特定的条件下选择繁花，往往会造成某种特别强烈的效果。

④铺垫的方法：铺垫的材质、形状、色彩选定之后，铺垫的方法便是获得理想铺垫效果的关键所在。铺垫的基本方法有平铺、对角铺、三角铺、叠铺、立体铺、帘下铺等。

平铺又称基本铺，是茶席设计中最常见的铺垫，有垂沿和不垂沿两种状态。垂沿一般用于桌(台)铺，即用一块横、直都比桌(台)大的铺品，将四边垂沿遮住的铺垫；垂沿可触地遮，也可随意遮。在正面垂沿下，若再缝以色彩鲜明的流苏、绳结及其他饰物，会使平铺更具艺术美感。不垂沿可用于桌(台)铺，也可用于地铺。桌(台)铺即用比桌(台)四边线稍短一些的铺垫；地铺的大小则视茶席摆设的需求而定。平铺适用所有题材的器物摆置；对于材质、色彩、纹饰、制作上有缺陷的桌(台]，平铺还能起到某种遮掩作用。

对角铺是将两块正方形的织品一角相连，两块织品的另一角顺沿垂下的铺垫方法，以造成桌面呈现四块等边三角形的效果。对角铺一般只适用于正方形、长方形的桌铺，也适用于一定条件下的地铺。

三角铺是在正方形、长方形的桌面将一块比桌面稍小一点的正方形织品移向而铺，使其中两个三角垂下，造成两边两个对等三角形。三角铺适合器物不多的茶席铺垫。

叠铺是指在不铺或平铺的基础上，叠铺成两层或多层的铺垫。叠铺属于铺垫中最富层次感的一种方法。叠铺最常用的手段，是将纸类艺术品，如书法、国画等相叠铺在桌面上。另外，也可由多种形状的小铺垫叠铺在一起，组成某种叠铺图案。

立体铺是指在织品下先固定一些支撑物，然后将织品铺垫在支撑物上，以构成某种物象的效果，如一群远山及山脚下连绵的草地，或绿水从某处弯弯流下等。然后再在面上摆置器件。立体铺属于更加艺术化的一种铺垫方法。它根据主题内容从审美的角度设定一种物象环境，使观赏者按照营造的想象去品味器物。同时，画面效果也比较富有动感。立体铺一般用于地铺，表现面积可大可小。大者，具有一定气势；小者，精巧而富有生气。立体铺，对铺垫的材质、色彩要求比较严格。否则，就很难造成理想的物象效果。

帘下铺是将窗帘或挂帘作为背景，在帘下进行桌(台)铺或地铺。帘下铺常用两块不同质地、色彩的织品，形成巨大的反差，给人以强烈的画面层次感。若帘与铺的织品采用同一材质和色彩，又会造成一种从高处一泻而下的宏大气势，并使铺垫从形态上发生根本的变化。由于帘具有较强的动感，在风的吹拂下，就会形成线、面的变化，这种变化过程还富有音乐的节奏美，增添了韵律感。

(4)饰品搭配。饰品搭配对茶席起着艺术渲染和点缀作用。它是为摆放好主器具(茶具组合)后的茶席上所余下的空间特定设计的装饰物和道具等，以营造出茶席的艺术氛围。饰品的选择要与作品整体的主题风格协调，体积大小和摆放位置要得当，切忌喧宾夺主；与主器具的结合要做到主次分明、虚实相宜、高低错落、疏密有致。

对茶席饰品搭配的要求古已有之。宋代文人雅士追求雅致生活，将点茶、焚香、插花、挂画合称为“四艺”，并常在各种茶席间出现。此“四艺”，透过味觉、嗅觉、触觉与视觉品味生活，将日常生活提升至艺术境界，且充实内在涵养与修为。

当今茶席，插花仍为座上宾，因为插花能造成茶席的生动感，使整个空间顿时生机盎然。插花不仅要追求怡情娱乐，更要注重理性意念，在形式和内涵上要切合主题立意，色彩淡雅明秀；在构图中，要讲究“横、斜、疏、瘦”间的线条美，注意老枝新叶的搭配，突出“清”、“疏”，给人以清丽、自然、疏朗之感。插花的材料可以选用鲜花、叶草，也可以选用枯枝、果实和人造花。鲜花色彩绚丽，花香四溢，充满鲜活的生命力；干花可随意染色、组合，还不失原有植物的自然形态美；人造花变化丰富，易于造型，亦可长久摆放，管理方便。插花的造型可以是瓶状、盆状、篮状、平放状等，其容器材质有陶、瓷、玻璃、金属、竹、木、石、瓦、草藤等。插花的花器可以直接摆放在茶席席面上，也可以借用垫子来调整其摆放的高度以体现错落感，亦可摆放于几架上。

焚香作为宋人“四艺”之一也常被用于茶席之间。茶道与香道均是修身养性之高雅艺术活动，当茶品的清香与香品的妙香圆融之时，便可尽情享受茶和香带来的韵味与心灵的感应，领略茶道与香道的深邃意境。但茶也好，香也罢，都有香气。香的特征是以人的嗅觉体验香气为主体，而茶的香气则是以人的味觉和嗅觉器官同时体验各种香气来综合感受，两者如果处理不当，就会影响到对茶香、茶味的品赏。因此，焚香在当今茶艺展示中要慎用。香在茶艺展示中的应用可分为“香气”与“烟景”。焚香用于“香气”时应注意以下两点：①用好香。纯正的天然香料有芳香开窍作用，如用得好，能增加茶味的深度和变化，给人一种更加美妙的享受。正如明代茶书《茗谭》所说：“品茶最是清事，若无好香在炉，遂乏一段幽趣。”享受“香气”的焚香以选用无烟、香味低回悠长的为佳；用香不当则会伤害人们的味觉。②香器另设它桌。焚香炉不设于茶席之上，与茶品冲泡保持一定距离，如沉香香气令人沉思，置于三步之内；檀香香气让人思古，置于七步之外。焚香作为“烟景”时可置于案台上，如禅茶茶艺、宫廷茶艺。

除插花、焚香外，其他可用于茶席饰品的物件形形色色，最重要的还是那句话，要根据茶艺作品主题内容的要求来设定；而饰品怎么搭配才能提升茶席的味道在于设计者的品位和对生活的细心观察。茶席中不同的器物，哪怕是一些不起眼的东西，器物的不同形态，甚至是一些破旧的物件，对茶席所产生出的不同的意境，往往会在意识方面引发一个个不同的心情故事，使人产生共鸣。如将在路上不经意捡到的一方青砖进行一番清理，也许就是日后创意茶席中的一个小茶盘；将拾到的一块朽木稍作处理，就有可能是某个茶席设计中的一处亮点；那份由内渗透出的古朴是用任何昂贵的物品都无法替代的。我们可以根据一些旧物的特定形态，在合适的时候置入茶席，必能感受到一番独特的风味。

2. 行茶流程

行茶流程包含与茶品相对应的泡瀹手法和演绎流程，以及在行茶过程中表演者手眼身法步的身形表达。茶艺冲泡的基础手法与基本演绎流程，在本教程第二章冲泡基础和第三章当代基础茶艺已作较为详尽的阐述，这里不再赘述。由于茶叶的品质特征对于行茶的茶器选择、水温控制、泡瀹时长有着密切的关联，在此对常见茶叶的品质特征和在行茶过程中表演者手眼身法步等方面进行讲述。

(1)茶是茶艺表演的物质主体。创意茶艺表演作品是有主题内容的，因而茶艺展示不仅仅是要展示如何泡好一壶茶，它所泡的茶品还必须能够作为反映作品内容实质的媒介。如创意茶艺《香馨傩影》选用普洱茶冲泡，普洱茶滋味醇厚，陈香显著，犹如年长智者在氤氲茶香中话语人生。

茶是茶艺表演的物质主体，因此在茶艺编创选用茶品时，需要对不同茶的品质特征有所了解，见表 8.1.1。

表 8.1.1 常见茶叶的品质特征

茶 品	品质特征
龙 井	条索外形扁平挺秀、嫩绿光滑；茶汤碧绿，香气清高，汤色黄绿明亮；滋味甘醇，有鲜橄榄的回味；素以“色绿、香郁、味醇、形美”四绝著称
碧螺春	条索纤细匀整，卷曲成螺，白毫显露，色绿；汤色碧绿清澈，叶底嫩绿明亮；清香淡雅、味鲜甜；有“一嫩(叶芽)三鲜(色、香、味)”之誉
南京雨花茶	条索圆紧挺直如松，叶色翠绿有茸毛；汤色清莹明亮；味鲜爽
六安瓜片	叶成单片，形似瓜子，不带芽梗，自然平展，叶缘微翘，叶色翠绿起霜；汤色清澈透亮，叶底绿嫩明亮，滋味鲜醇回甘
信阳毛尖	条索细秀匀直，色泽翠绿，白毫显露；香气鲜嫩，有熟板栗香；汤色嫩绿、鲜亮，滋味鲜爽；叶底碧绿呈一芽一叶初展
安吉白茶	外形挺直扁平，泡开后叶片为黄白色，叶脉呈绿色；茶汤滋格外甘爽，清香持久
庐山云雾	条索细紧，青翠多毫；香气鲜爽，滋味醇厚
黄山毛峰	外形大叶、芽头肥壮，形似“雀舌”，白毫显露，色似象牙，鱼叶金黄；滋味鲜浓、醇厚、甘甜；冲泡后汤色清澈，芽叶成朵，叶底嫩黄
太平猴魁	条索形如含苞待放的白兰花，每朵茶都是两叶抱一芽，平扁挺直，不散，不翘，不曲，自然舒展，俗称“两刀一枪”；叶色苍绿，叶脉绿中隐红；冲泡后略带花之幽香，醇厚爽口
恩施玉露	蒸青绿茶。形似松针，匀齐圆直，外形白毫显露，呈鲜绿豆色；汤色清澈明亮，香高味醇，叶底嫩绿匀整
祁门红茶	条索细嫩挺秀，金豪显露；色泽乌黑油润；香气高鲜醇甜，清高持久；汤色红艳透明，叶底铜红色；滋味鲜醇，回味隽永；味中有香，香中带甜，甜香独特，素称“祁门香”
滇 红	条索肥壮，多金黄毫，色泽乌黑油润；汤色红艳，茶汤与茶杯接触处常显一圈“金圈”；滋味浓厚鲜爽，焦糖香明显；茶汤稍冷就出现乳凝状的“冷后浑”；叶底红匀明亮
闽 红	条索细长紧结显毫，色泽乌黑有光；茶汤味浓，色红艳
红碎茶	干茶外形呈颗粒状或片末状，乌黑或红棕色；茶汤红艳明亮；味浓醇，香气鲜甜；叶底红亮
小种红茶	外形粗松，条索肥壮，色乌黑油润，叶底呈旧铜色；茶汤红艳，香气芬芳，带有馥郁的桂圆香和松烟香；滋味醇和，有蜜枣味
铁观音	条索卷曲呈螺旋形，颗粒重实，色泽砂绿。汤色金黄，花香明显，香气浓馥，馥郁持久；滋味入口微苦后转甘，饮之爽口舒适，叶底肥厚明亮
武夷岩茶	条索肥壮紧结，外形呈弯条型，色泽乌褐或带墨绿、沙绿、青褐色；汤色橙黄，清澈明亮；香气带花、果香型，滋味醇厚滑甘爽，带特有的“岩韵”；叶底软亮，呈绿叶红镶边，或叶缘红点泛现，或呈蛤蟆皮状

续表

茶　品	品质特征
凤凰单枞	条索细紧秀美，色泽沙绿油光；香气多变、清高、悠长，常有玉兰香、珠兰香、栀子香、米兰香、芝兰香、桂花香、茉莉香、杏仁香等不同的香型。水色黄绿清澈，滋味鲜醇爽滑，有独特的喉韵和山韵
冻顶乌龙	外形紧结弯曲，呈条索状，色泽墨绿鲜艳，带有青蛙皮般的灰白点，干茶具有强烈的芳香；汤色略呈橙黄色，有明显清香，近似桂花香；茶汤生津富活性，落喉甘润，韵味强；叶底边缘有红边，叶中部呈淡绿色
白毫银针	条索全是披满白色茸毛的芽尖，形状挺直如针，外形优美者；汤色浅黄，鲜醇爽口
白牡丹	芽叶连枝，叶色灰绿，叶片宛如枯萎的牡丹花瓣，形态优美；汤色橙黄
君山银针	条索全是肥壮的芽头，金黄光亮多茸毛；冲泡后芽尖朝上，根根竖立于杯中，形态优美；汤色浅黄，味甜爽；以色、香、味、形俱佳著称
蒙顶甘露	外形美观，叶整芽全，紧卷多毫，嫩绿色润；内质香高而爽，味醇而甘；汤色黄中透绿，透明清亮；叶底匀整，嫩绿鲜亮
六堡茶	黑褐色；汤色紫红，陈茶气味重，且有松烟味；六堡茶以陈为贵，越陈越好
黑砖茶	长方砖块形，色乌黑，叶底亦暗褐；汤色红黄且暗
茯砖茶	砖块形，内生黄色霉菌，称为“黄花”，黄花多者是质量好的标志
七子饼茶	又称圆茶，圆饼形；外形结紧端正，松紧适度。熟饼色泽红褐油润；汤色红浓明亮，滋味浓厚回甘，带有特殊陈香或桂圆香。生饼外形色泽随年份不同而千变万化，一般呈青棕、棕褐色，油光润泽；汤色红黄鲜亮、香气纯高、滋味醇厚、清爽滑润，具有回甘、生津之特点。每片净重 357 克
茉莉花茶	条索紧细匀整，色泽绿而油润，香气鲜灵持久；滋味醇厚鲜爽，汤色黄绿明亮；叶底柔软嫩黄

(2)手眼身法步。手眼身法步是指表演者在茶艺表演中所表现出的各种不同的情感、形体律动与技能动作等，是茶艺表演较为重要的组成部分。

手为势，指表演者的各种手势动作，如手势线条是否圆润、柔和、轻盈、流畅等。茶艺表演的一般冲泡手法可参见第二章第二节之“冲泡基础”。

眼为灵，指表演者的各种眼神、表情和神态。人的眼睛、眉毛、嘴巴和面部表情肌肉的变化，能映射出一个人的内心世界，对人的语言起着解释、澄清、纠正和强化的作用。因此，在茶艺表演过程中，要求表演者要保持自然、恬淡、优雅、端庄、宁静的神态。眼神是脸部表情的核心，能表达最细微的表情差异。表演者在表演时应该神光内敛，视线要随着手的动作流转；抬头时要目视虚空、目光笼罩全场，如需要与观众作适当的眼神交流，可将目光稍稍停在对方的三角部位，即以两眼为上线，嘴为下顶角所构成的三角部位，眼睑与眉毛要保持自然的舒展；切忌表情紧张、左顾右盼、眼神不定，甚至在台上随意抛媚眼，显得粗俗落套，风雅尽失。微笑是茶艺表演者最基本又最富有魅力的表情，微笑时脸部要放松，口唇自然微启，要发自内心，要亲切自然、大方得体，不要做作。微笑可以反映表演者高雅的修养素质，给人以温馨、友善、亲和、至诚之感，赋予观众美好的心理感受，能有效地缩短双方的距离，从而形成融洽的交往氛围。

身为主，指表演者的各种身段、仪态、气质和韵律。气质与风度是两个不同而又有些相似的概念。气质是指人的相对稳定的个性特点、风格以及气度，是不以人的活动目的和内容为转移的心理活动的典型的稳定的动力特征；它是内在美的性格特点的表现，是经过长时间的修养、陶冶而形成的，并随着时间的推移而日臻完善。而风度则是一个人的外在之表现，是通过人的神态仪表、言谈举止表现出来的综合特征；容貌端正、和颜悦色、体态健美、仪表堂堂，优雅的风度可以产生强大的形象魅力，可以给人在视觉上、感觉上留下极其深刻的印象。古诗云："落霞与孤鹜齐飞，秋水共长天一色。"气质与风度是人的内秀与外美的和谐统一之体现；它必须相依相融才能使人流光溢彩。表演者必须注重修炼自己独特的气质与风度，努力提高自身的道德修养、文化素质和综合能力。表演的体形表达可参见第二章第三节之"身形基础"。

法为源，指表演者的各种技法，是否准确、娴熟，是否具有独特性和新颖性，有无绝招等。一个好的茶艺表演作品除了要有赋予人们欣赏与享受的艺术性外，还必须具有其与众不同的特有技法，即表演者在作品中展示的技法是否具有独特性和新颖性，有无绝招；同时在展示这些技法时，动作是否准确、娴熟，让人拍案叫绝。

步为根，指各种形式的台步，能给人动态的美，体现出人的独特气质。

在茶艺表演时，律动的作用往往被大家忽视，人们没有意识到律动实际上在表演中占有极其重要的地位。在表演时，表演者律动如果掌握得好，能赋予人们韵味十足、画龙点睛的艺术享受；律动掌握得不好，则会使表演显得呆板平淡、索然无味。什么是律动？律动是指有节奏、有规律的运动；在茶艺表演中可以理解为有韵律节奏的身形动作。律动是由内而发的，它来自于表演者内心的节奏体验，即律动感。律动感因人而异，既有先天性，亦可通过专门的训练进行后天培养。训练内容可包括音乐感受、形体训练、舞蹈等。音乐感受是一种在聆听音乐与声音的过程中，透过各种不同的速度、音高、力度、情感等内心节奏的音乐内容，以想象和创造来培养音乐感与感受力；在形体训练和舞蹈中，身体跟随着音乐的节拍、旋律、速度和节奏做有规律的动作，理解音乐上的细微差异，感受音乐整体上的协调感，透过全身的活动，培养良好的节奏律动。通过相关的律动活动训练，锻炼触觉和振动觉，逐步培养对韵律的感受力、欣赏力和表现力，从而触发内心对生活中的自然律动以及各种艺术形式中的节奏律动所体验的深度，而这种深度就是艺术修养。要使表演者在茶艺表演中能充分呈现律动感，必须要选择好适当的音乐。在各种不同茶艺表演形式中，茶艺冲泡的动作、速度、情绪、流程等都不尽相同，并依此显现出各种动作的规律性节奏，这种特有的规律性运动节奏就是该茶艺表演的基本律动。我们抓住这种内在的律动为其编配相应的音乐，便于表演者每个动作的点能与音乐的律动相吻合，使选用的音乐旋律节奏融洽到表演动作之中。

总之，在茶艺表演过程中，要求表演者的手眼身法步各种动作不但要有较好的表现，还必须具备良好的协调性，以致表演者的身形在任何状况下都能保持优雅的姿态。同时，根据茶艺表演情节的需要，可以对相关动作作特定要求的编排，巧妙地融入一些具有一定艺术表演效果的动作与姿势，使节目更加新颖，更具艺术性和观赏性。

三、综合艺术表现

1. 场景

场景是为创意茶艺表演提升艺术感染力的创造手段之一，指为茶艺表演所布置的场面，是对以茶席为核心的茶艺表演场所的艺术设计；设计者根据作品主题内容情节发展的需要，通过置景、道具、灯光、背景(如LED屏幕)等艺术手段的运用以达到艺术渲染效果。场景分为室内与室外。

(1)室外场景。室外表演时，可根据作品对背景的需求选择合适的场地，并充分利用自然景观，给人们带来真切、自然和清新之感。

室外场景大多选择清悠、雅致、幽静的场地，如亭台楼阁、画舫水榭、松间石上、泉侧溪畔等，沉浸在清新的大自然之中欣赏美妙的茶艺表演，又是多么让人心旷神怡啊。无怪乎，明代文学家、书画家徐渭在其所著《徐文长秘集》中作了饮茶十三宜之述："茶宜精舍，云林，竹炉，幽人雅士，寒霄兀坐，松月下，花鸟间，清泉白石，绿鲜苍苔，素手汲泉，红妆扫雪，船头吹火，竹里飘烟。"

(2)室内场景。室内表演时，根据作品所要表达效果的需求，可设在舞台，也可选择在某个较宽敞的大厅或茶室等场所。

设于大厅或茶室的场景，多以展现文人雅室为主。挂画是宋代文人"四艺"之一。最早的挂画挂于茶会座位旁，内容涉及茶的知识，是传统茶艺的场景布置手法；演变至宋代，挂画改以诗、词、字、画的卷轴为主。当代茶艺表演采用的挂画，即将书法、绘画等艺术作品挂于屏风或墙面上，用以配合作品主题，点缀表演场所的氛围与意境。挂画的形式主要有中堂、屏条、对联、横披、扇面等；挂画的内容可以单选字、画，也可以字画结合。字的书写内容一般以茶事为主，也可以表达人生的某种哲理、感悟、态度、情趣等；画多为中国画，以山水画、水墨画为主。

舞台场景的表现力极为丰富，它实际上是一个视觉艺术的综合体，主要包括布景、道具、灯光、天幕等。

布景能够表现一种空间感，也能真实地再现生活；布景的使用可以起到营造环境、制造气氛、渲染情绪、展示艺术风格和深化作品艺术主题等效果。灯光布光是演出空间构成的重要组成部分，是根据作品情节的发展对所需的特定场景进行全方位的视觉环境的灯光设计；灯光的使用可以创造舞台需要的空间环境、有目的地引导观众视线、烘托情感、展现舞台幻觉并渲染气氛，以丰富的艺术感染力给予观众全新的视觉色彩感受。如创意茶艺表演《竹映七星》的场景。作品的舞台场景设计为山野竹林之间，表演者采用席地而坐的方式。舞台中间是以陈旧的草席铺垫的茶席，茶席右后侧摆放一块岩石，场景的背景是由几组竹子组合形成的山野竹林；茶席左侧摆放一叠线装古书和一支洞箫，右后侧的岩石上斜靠着古琴；几缕灯光似阳光透过竹林枝叶的缝隙，直映场地，对《竹映七星》整个作品的主题风格具有渲染、点缀和加强的作用，营造出文人侠客在竹林中吟诗品茗、琴箫合奏的意境，让观众充分领略到大自然的闲适与自由。

道具在茶艺表演中起着为作品揭示背景、装饰舞台艺术效果的功能，对主题有着画龙点睛的作用。道具的合理运用在支撑演员表演和传达主题的同时，为作品情节线索的贯穿、人物活动场景的铺设、人物形象的塑造和人物性格的刻画都起到了举足轻重的作用，成为舞台效果中重要的表达手段，在众多的舞台表演艺术中展现了不可或缺的、特有的功能和艺术价值。如创意茶艺表演《香馨傩影》，以道具——“面具”来表现人世间人与人之间的貌合神离现象。整个作品围绕着面具与茶展开：世界上每个人也许都戴着面具，人与人之间的交往亦真亦幻?！然而，茶，以其自然、超脱的独特方式，巧妙地将净化身心、陶冶情操、参禅悟道完美地融于一杯香茗之中，让人的心灵随着茶香弥漫、升华，在茶的面前，人们滤尽浮躁，淡泊心境，自然地褪去面具，融化心灵之隔膜，彼此间坦诚相待，相知相识，当下无我，物我两忘，渐入天人合一之境界。

道具还是刻画人物形象、传达人物心声、塑造人物性格的重要载体。一个使用得当的道具，如同服装一样，可以展示人物的身份修养。如创意茶艺表演《情沁岩韵》中的道具——古琴和箫的运用，一方面体现探春的高贵气质与涵养，另一方面表现探春即将远离家乡，对故土难以割舍的眷念和不舍之情。

天幕是在舞台背面悬挂的大布幔，主要是配合灯光以表现天空景象，故称天幕。天幕分为白天幕和黑底幕两种。白天幕通过照明或投射各种彩色图像，使天幕与整个舞台空间形成一个整体的画面；同时，还可以根据不同作品内容的需求，更换不同的景物图像。随着科学技术日新月异的发展，如今演出多以LED屏替代白天幕(简便时也有使用投影布幕)，表演时可添加所需的动态视频图像，使观众有一种身临其境的感觉。黑底幕适合于表现黑暗的场景空间，如表现夜空或虚无状态；同时，黑底幕也给予灯光操作者充分的展示灯光色彩的机会。

2. 服饰

服饰包括表演者的服装与身上所佩戴的装饰品，是塑造茶艺表演者外部形象，体现演出风格的重要手段之一。编创茶艺作品时，要根据主题表现的需求，设计好作品中各个不同人物的形象特征。服饰的搭配要与所要展示的主题内容、人物形象特征相吻合，起到烘托和诠释作用。服饰的选用，一要符合历史时代、民族民俗风格的特定要求；二要符合表演者塑造角色形象的要求；三要以不影响表演者冲泡动作展示为原则，如袖口不宜过大等；四要统一风格、色调协调，以满足受众的审美需求。

旗袍是当代中国的女性礼服，是20世纪20—30年代在满族女性传统旗服的基础上融合了西方文化，不断发展而来。如今，旗袍已经具有代表中国女性服饰文化的象征意义，并常被女性茶艺表演者所选用。茶艺表演者身着旗袍能够更好地展现典雅含蓄、端庄大方的东方韵味。

3. 妆饰

妆饰主要是指表演者的面部着妆和头部着饰。与服饰一样，在编创茶艺作品时，必须根据主题表现的要求，设计好各个不同人物的面部形象特征和发型发饰，以便更好地对作品起到烘托和诠释作用。

在茶艺表演中，最常用的妆容为青春少女妆，这种妆容要求自然清新，似有若无，切不可浓妆艳抹。底妆要采用接近自己肤色的、较薄的粉底；上妆时，用量尽可能少，建议不用海绵，只需用手指轻轻推匀，使粉底与皮肤贴合，以产生轻盈效果。使用眉笔时，化妆的痕迹不可过于明显，只需按原有眉形作淡淡的描画，用眉刷将浅色的眉粉轻轻刷在眉毛的尾部即可。至于眼部，可先在眼睑部位打上一层浅咖啡眼影，然后在同部位再打上一层略深一点的咖啡色眼影，再在下眼线上描一道淡淡的咖啡色，这样能使眼部显得明亮清澈。使用大号粉刷将胭脂打在脸颊两侧，再用润肤液轻拍面颊，以体现肌肤质感。唇妆需选择光泽度高的透明或粉色唇彩。

4. 文学

茶向来是文学创作的重要题材之一。所谓茶文学，是指以茶为主题而创作的文学作品。有时作品中的主题不一定是茶，但只要是有歌咏或描写茶的优美片段，都可以视为茶文学。文人们喜好饮茶、咏茶与赞茶，并于品饮之际文思泉涌，使文学作品因茶之渗透更显光彩。文学与茶完美结合，使得这翠嫩的绿叶，负载起丰富的文化内涵，提供了极为愉悦的审美体验。同样，在创意茶艺表演作品中，也离不开文学表现手法。

(1)编创茶艺作品。在我国几千年浩如烟海的文学艺术领域，在诗词、绘画、音乐、歌舞及传说、故事之中，无处不渗透着茶文化博大精深的内涵，这为我们茶艺表演作品的编创提供了取之不尽、用之不竭的素材和题材。如，在中国诗歌史上，咏茶诗词层出不穷，据统计，以茶为题材和内容涉及茶的茶诗有数千首，盛唐以后的中国著名诗人几乎都留下了咏茶诗篇；就茶诗的形式而言，有古风、歌行、律诗、绝句、联句、宝塔、回文、顶真以及竹枝词、试帖诗、宫词等，可谓丰富多彩。创意茶艺《琴箫诗·茶韵》就是从这些丰富多彩的形式中选取出与本作品内容相近的茶诗和茶联，采用茶诗与茶联吟诵、古琴与洞箫和鸣，并使之与茶艺表演进行有机结合的手法进行编创；整个作品通过文人之间的瀹茗品饮、咏诗对联、拂琴鸣箫的表现手段，为人们展现出一幅无比生动、细腻、感性、精妙的雅士生活之画面。

(2)撰写解说词。在茶艺表演中，为了让观众更清楚地了解茶艺表演程式，理解作品演示所要表达的内容，有时需要在表演前或表演过程中加入解说。解说的形式，可以是现场解说，也可以采用“画外音”解说。解说主要是用来叙述故事情节与将要表达的主题等，是对节目展示进行的补充，是帮助人们了解、理解节目作品所要表现主题思想的手段之一，它追求书面语言那种较为严密的语法结构和逻辑性，要求文字要精练、简明、生动，具有一定的文学性。如创意茶艺《情沁岩韵》在节目进入尾声敬茶时的解说词，将作品情感推向高潮：

告父老，敬娘亲，沏滚滚热茶表儿心。
自古穷通皆有定，离合岂无缘？
从今分两地，各自保平安。

翩翩红鹤点水去，踏上风雨路三千。

奴去也，莫牵连；奴去也，莫牵连……

5. 音乐

音乐，在茶艺表演中起着烘托气氛、完整结构、协调动作、深化主题的作用。当今，茶艺表演选用清新流畅的江南丝竹类民乐曲或古琴、古筝曲作为背景音乐比较多见，这主要也是因为茶艺表演本身静和雅的属性，决定它需要与舒缓、流畅、清新的音乐相结合。这些乐曲也是可以提供给创意茶艺表演作品作选择的。但是，在为创意茶艺作品选择音乐时，必须注意以下几个方面问题：

(1)需结合作品主题所要表现的内容来选定音乐。如创意茶艺作品《情沁岩韵》是以探春远嫁江边告别为主题，选用洞箫与钢琴相结合的音乐。洞箫深沉委婉的旋律烘托着探春与亲人离别时伤感却又刚烈的气氛；钢琴音乐的出现，预示探春即将融入外番，面对未知人生。

(2)要符合主题风格。如仿古茶艺可以选择所要表现朝代的古曲音乐；宗教茶艺可选用梵音神曲；民俗茶艺可选用当地民族民间风格的音乐等。

(3)创意茶艺表演要求表演者的动作必须与音乐的律动相吻合，因而选用的音乐必须使旋律节奏融入表演动作之中，达到声形并融。这样，茶艺表演才能在音乐的烘托下得以更好地展现。如“客家擂茶茶艺”，它的基本律动是用擂棍放在擂钵中擂磨的动作，因此，选配的音乐应以欢快富有节奏感的音乐为主。

(4)创意茶艺表演作品有时要根据情节的发展变换音乐，这时必须制作音乐或选择合适的音乐进行剪辑。

(5)为取得更好的效果，一些创意茶艺作品的音乐可以采取现场演奏的方式。如创意茶艺《浪漫红茶》将钢琴搬上舞台现场演奏，形成与茶艺冲泡者的二重表演，营造出诗一般的浪漫意境，表演形式也更加丰富。

音乐是听觉艺术，一支优美动人的乐曲，配合着茶艺表演的艺术展示，可以丰富观众的整体艺术感受。

6. 舞蹈

舞蹈是反映生活和人的情感的一种手段，是美化了的人体动作。随着茶艺表演的艺术性慢慢被人们认可并接受，舞蹈这一表演艺术形式也悄然融入茶艺表演之中，并以其独特的形体美为茶艺表演画上亮丽的一笔。但在编排茶艺表演作品时，一定要意识到，舞蹈的加入，不是仅仅为了吸引人们的眼球来哗众取宠的，而是让它更好地为茶艺表演服务。要把握茶艺表演是以茶艺展示为主体。可以将舞蹈作为茶艺展示前的引子，舞蹈所表达的内容必须与茶艺作品内容及风格一致，有前因后果的连带作用。如创意茶艺作品《香馨傩影》借面具来揭示“识人难”这一社会现象，而“茶”是一个媒介，人们在茶的面前，滤尽浮躁，淡泊心境，最后自然地褪去面具，达到了心灵的相通。节目开始，4位表演者戴着面具，面朝上，塌腰撅臀，两手向后，手心朝下，呈环形立于舞台中央。音乐声起，四人突然俯身向下，头与头相向，一道光束从黑暗的舞台中央上方投下，4

位表演者顺着光源慢慢抬头，当4个面具相互对觑的刹那，一种排斥心理促使她们急速转身相背……在短短60秒的引子里，表演者以舞蹈动作呈现出一种排斥的、矛盾的、浮躁的、分分合合的意境……历经几番拉锯似的交锋后，舞台前方出现一片橙色的霞光，吸引她们不由自主地一起转身眺望(造型亮相)——发现了“茶”！大家以茶结缘，心境顿然淡泊平静了下来……引入主部茶艺展示：在茶的世界里，大家专心泡茶，虔诚敬茶，用心品茶；在茶的面前，融化心灵之隔膜，自然地褪去面具，当下无我，物我两忘，达到天人合一之境界。

在茶艺表演编创中，舞蹈的融入要注意避免两种情况。一种是外加型，即舞蹈在茶艺表演中的出现只是一种外在形式，以吸引人们的眼球，与茶艺主题本身并没有什么实质性的内在关联。另一种是喧宾夺主型，即舞蹈的比重超越了茶艺，到该茶艺展示时，舞蹈还不结束。

7. 书画

书法、绘画可以作为茶艺表演场景背景的点缀装饰。如宋代文人雅士追求雅致生活的“四艺”之一挂画，即将书法、绘画等艺术作品以卷轴的形式挂于屏风或墙面上，用以配合作品主题，点缀表演场所的氛围与意境。

茶与书画有众多相似之处，中国书画讲究在简单的线条中求得丰富的思想内涵，正如茶与水在简明的色调对比中求得五彩缤纷之效果，从朴实中展现出韵味；因而，书法、绘画等艺术形式可以直接与茶艺表演相融合，使整个节目更为饱满，充满艺术生机。如创意茶艺《上茶妙墨俱香》中，将书法、绘画、古筝等艺术表演形式的展示与茶艺表演作了有机的结合；舞台场景以梅、兰、竹、菊等植物为背景，营造出一种高雅的艺术环境氛围；一壶清茶沁心脾，挥毫泼墨神之笔，中国茶文化与中国书画艺术同源同根，源远流长，变化千端，成为东方文明的主要象征；该作品让人们在欣赏茶艺表演的同时感受到中国传统艺术的博大精深，并借宋代大文豪苏东坡之感言“上茶妙墨俱香，是其德也”，将其取名《上茶妙墨俱香》。

第二节　创意茶艺编创作品示例①

一、《茗香绕厝里》

1. 主题、选材

乡俗茶艺表演《茗香绕厝里》由陈力群、李丽斯编创。该作品创意灵感来自唐代诗人孟浩然的《过故人庄》：“故人具鸡黍，邀我至田家。绿树村边合，青山郭外斜。”诗人这两句描绘美丽山村风光和平静田园生活的诗，让我们感受到农家小院恬静的自然之美，也激发起我们追寻淳朴的田园生活，编创富有民间生活情趣、充满乡土气息的乡俗

① 陈力群、郭威：《茶艺表演阐微》，《艺苑》2014年第2期。

茶艺的灵感。本作品以紫砂壶冲泡闽南乌龙茶，通过融合乡村生活场景、农家茶席布置，以及乡村姑娘朴实无华的茶艺表演，平静而自然，显现农家风味，给人一种清新愉悦的感受。而闽南乌龙茶香气清高持久，滋味清爽细腻；冲泡上一壶这等好茶，香气顿时萦绕整个农家小屋，故将作品命名为乡俗茶艺表演《茗香绕厝里》。

2. 选择茶品

选择茶品为闽南乌龙白芽奇兰。白芽奇兰产于福建省平和县大芹山麓的崎岭、九峰一带，这里山高雾多，溪流潺潺，土壤肥沃，适于茶叶种植生长。白芽奇兰色泽翠绿油润，汤色杏黄清澈明亮，香气清高爽悦，滋味醇厚，鲜爽回甘，具有兰花香，是中国乌龙茶中的优质品种；选用该茶品，配以山泉水冲泡，让人们领略白芽奇兰独特的韵趣，为茶艺表演起到画龙点睛之用。

3. 茶具与道具配备

(1)茶具：紫砂壶2(一为母壶，一为子壶，子壶作茶盅用)、紫砂品茗杯4、竹制茶荷、草编杯垫4、葫芦茶滤、长柄舀水竹勺、水盂、烧水炉组、小竹箩(作为奉茶盘)、陶质盛水罐等。

(2)道具：小竹篱笆、陶质大水缸、竹匾、茶桌2、小树等。

4. 茶席、场景

乡俗茶艺表演在茶席设计上要求源于生活，高于生活，展现农家小院的纯朴美，故选用原木底色的茶桌，茶桌左侧摆放置茶用的小竹箩和一对紫砂壶，中间摆放4只品茗杯与杯垫，右侧摆放水盂、陶瓷烧水炉组和小竹篱笆，长柄舀水竹勺置于水盂上方，葫芦茶滤挂在小竹篱笆上，陶质盛水罐放置于茶桌右后方。场景布置上，在茶桌的左前方放置一个极具农家特色的陶质大水缸，缸体上贴以小篆“水”字的红纸，左后方放置一棵棕红色的小树道具，使整体环境更加跳跃、生动，富有灵气，充满农家气息，见图8.2.1至图8.2.3。

图8.2.1　创意茶艺《茗香绕厝里》剧照1

图 8.2.2　创意茶艺《茗香绕厝里》剧照 2

图 8.2.3　创意茶艺《茗香绕厝里》剧照 3

5. 表演人员

乡村姑娘一人。

6. 服饰

表演者服装选用具有乡土气息的民间服饰，黑底，衣襟和袖口边采用玫瑰红宽边，另衬几道花边点缀，简单却包含民族元素，加上盘起的发髻和民族风红须耳饰，既体现主题又提升舞台魅力。

7. 音乐

选用一首极具乡村风格的音乐。音乐前奏以鸟鸣声和陶笛声相互呼应，加之空灵效果的和声背景，一下子就把观众带入置身于农村大自然风光并极富乡土气息的意境之中。

8. 茶艺表演《茗香绕厝里》演绎流程

(1)山乡春早——出场。随着乡村气息的音乐节奏，表演者怀揣竹匾缓缓走出，匾中装有烘培过的茶叶，可以看出是刚做完茶回来，脸上呈现出一种收获新茶的喜悦。

(2)茶可清心——入席。至茶席前向观众点头示意(把握农家小女人的自然礼节)，将竹匾放置大水缸上方，入席；茶可清心，在劳动之余的小憩，回厝里以茶消除劳作后的疲劳。

(3)沸煮山泉——煮水。用长柄竹勺从陶制盛水罐中舀水注入烧水炉，用旺火煮沸山泉。

(4)母淋子浴——温具。用沸水冲淋母子双壶，以提高紫砂壶的温度；再将紫砂壶中的沸水倒入品茗杯，温杯罢，将品茗杯中之水弃入水盂中。

(5)瓯注摇香——置茶。瓯注即紫砂壶。表演者从竹匾中抓取适量茶叶投入母壶内，盖上壶盖，摇晃茶壶数下，称之为瓯注摇香；摇毕揭盖，嗅闻茶之干香。

(6)袅缕茶烟——润茶。提汤壶将沸水注入母壶内，使茶叶随水流的冲力产生翻滚，以温润茶叶，壶中顿时散出袅袅茶烟，兰香向四周飘散开来。

(7)悬泉飞瀑——弃水。用壶盖轻轻刮去泛起在壶口的泡沫，盖上壶盖，将润茶之水弃入水盂，此动作恰似悬泉飞瀑。

(8)高山流水——冲泡。提汤壶以凤凰三点头手法向母壶注水冲泡，水流似连绵起伏的高山流水一般。随后盖上壶盖，再以沸水淋洗母壶外壁，使高壶温，以利茶香气散发。

(9)母子相哺——出汤。将母壶中的茶汤注入子壶，母壶倾斜地靠着子壶，似母子相哺状。

(10)茗香绕梁——斟茶。将子壶中的茶汤均匀地斟入品茗杯中，此时，满屋氤氲着茶香，正所谓茗香绕厝里。

(11)共尝佳茗——奉茶。将品茗杯逐一放入小竹箩(代茶盘)内，双手将小竹箩端稳，起身奉茶，共尝佳茗。奉茶毕，鞠躬谢幕，端着小竹箩，伴随音乐缓缓地下场。

二、《竹映七星》

1. 主题、选材

山野茶艺表演《竹映七星》由陈力群、邹晓慧编创。该作品创意灵感来自古时“竹林七贤”史载。魏晋时期，有七位文人贤士常聚集于当时山阳县的竹林之下，肆意酣畅，饮酒纵歌，追求生活上不拘礼法，清净无为，享受大自然，被后世称为竹林七贤。本茶艺表演以竹林七贤为引，将此素材进行加工、发展，摒弃其肆意酣畅、饮酒纵歌的史实情节，拟借古人豪迈诗情，表现茶人借茶抒怀的情景。竹林中设席，采用七只品茗杯以北斗七星摆阵，“七星”亦影射七贤，将主题定为山野茶艺表演《竹映七星》。

2. 选择茶品

选择茶品为闽南乌龙铁观音。铁观音具有天然馥郁的兰花香，是乌龙茶中之极品。采用功夫茶冲泡手法冲泡铁观音，透过那金黄琥珀的汤色，醇厚甘鲜的“音韵”，将山野林间侠士闲云野鹤、悠然自得、品茗自乐的一番景象展现在人们眼前。

3. 茶具与道具配备

(1)茶具：侧柄紫砂壶、茶盅、品茗杯7、品茗杯垫7、烧水炉组、水盂、茶叶罐、茶匙等。

(2)道具：古琴、洞箫、古书籍、草席、岩石、竹林等。

4. 茶席、场景

本作品设定情景为山野间，因而没有摆设茶桌，而是采用表演者席地而坐的方式。席面以陈旧的草席为垫，平铺于地面，简洁而意蕴丰富；中部以侧柄紫砂壶为轴心将7只品茗杯呈北斗七星阵形排列，左侧置放品茗杯垫(叠置)、水盂与茶叶罐，右侧置放茶盅与烧水炉组。同时，还在草席左侧边缘摆放一叠线装古书和一支洞箫，在草席右后侧岩石上斜着置放古琴，这些辅助元素对整个茶席的主题风格具有渲染、点缀和加强的作用，整组茶席营造出文人与侠客在竹林间吟诗品茗、琴箫和乐的意境，让观众充分领略到大自然的闲适和自由。场景由几组竹子构成山野竹林，几缕阳光透过枝叶缝隙，映于场地上，迎合主题，见图8.2.4。

图8.2.4　创意茶艺《竹映七星》剧照1

5. 表演人员

侠女一人。

6. 服饰

以黑色为基调，配以绿色宽布条腰带，塑造出铁骨柔情的侠女形象。

7. 音乐

选用古琴音乐“天籁水晶”。在古琴与洞箫悠扬古朴的旋律中，我们似乎看到与世无争的文人侠客在竹林深处品茗修性，悠然惬意，超凡脱俗。

8. 茶艺表演《竹映七星》演绎流程

本茶艺表演以闽南乌龙功夫茶艺的冲泡手法为基础，在表演程式上做了相应改动。表演者虽只有一人，但隐喻还有六人在其周围。

(1)侧卧听茗——入席。侠女头枕岩石侧卧，右手托头，左手捧书，静静地品读诗书，悠然惬意，真是超凡脱俗，见图 8.2.5。顷刻，似听见水沸声，随起身坐正，但意犹未尽，仍持书沉思片刻，方将书置于草席上。招呼诸位兄台，并一一行作揖礼。

图 8.2.5 创意茶艺《竹映七星》剧照 2

(2)流云拂月——温具。先以清水净手，茶巾拭干；右手提汤壶将沸水注入紫砂壶、茶盅、品茗杯中各 2/3 处，汤壶归位；右手握侧柄紫砂壶于胸前，左手托住壶底，做逆时针转动，均匀温洗壶内壁，依次温盅、温杯，后将水弃入水盂。

(3)观音入宫——置茶。持茶匙从茶叶罐中将铁观音取出，置入紫砂壶。

(4)茗注酝香——润茶。提汤壶将沸水注入紫砂壶内，使茶叶在壶内温润酝香后，弃汤于水盂。“茗注”即指紫砂壶。

(5)三涧泻瀑——高冲。再次提汤壶采用凤凰三点头手法注入沸水，上下三次悬壶高冲，茶叶在壶中翻滚，茶香得以发挥。

(6)玉液流香——出汤。将紫砂壶中茶汤倒入茶盅。

(7)星移斗转——低斟。持茶盅，盅口靠近品茗杯，将茶盅里的茶汤逐一斟入 7 只品茗杯中。

(8)敬奉香茗——奉茶。端起品茗杯，用茶巾拭净杯底余水，将品茗杯置于杯托上，双手侧捧杯托连品茗杯一起奉至左前侧草席上，右手示意请用茶；依此方法，从左到右呈弧形将其余 5 杯茶奉上。

(9)含英咀华——品茗。用三龙护鼎的手法端起留给自己品味的那杯茶，彬彬有礼地向各位敬茶，嗅闻香气，分三口细品佳茗。清代袁枚说道：“品茶应含英咀华并徐徐咀嚼而体贴之。”品茗得慢慢地咀嚼，细细地回味，以此领悟茶独特的韵味。

(10)闲云野鹤——退席。饮毕香茗，将杯置于席上；向诸位行作揖礼；取左侧洞箫起身，吹奏洞箫，似闲云野鹤般向竹林深处走去。

三、《情沁岩韵》

1. 主题、选材

茶艺表演《情沁岩韵》由陈力群、张筱凤、郭威、郑琳琳编创。

随着时代的发展，当今社会远嫁他乡已是常事。但在古代，由于交通不便利或者制度不允许，远嫁到异国他乡，往往很难再与亲人团聚，因此往往带有一种悲情色彩。本作品中的主人公探春是中国古典小说《红楼梦》中的主要人物，是贾宝玉的庶出妹妹。在红楼梦金陵十二钗中，唯有探春是真正的须眉风骨，她敢说敢为，办事练达，举止大方，胸襟阔朗，是个大气、有人生抱负、具有男子性格的女性，在家族危机之时，被皇上和番，远嫁海外。茶艺表演作品《情沁岩韵》以红楼梦探春为挽救贾府每况愈下的衰败运势，毅然决定孤身远嫁和番的故事为题材，以江边码头告别为情景；探春眼含热泪，一身绯装，沏上滚滚的热茶奉给戚戚送行的亲人；虽然即将面对的是未知人生，她却无所畏惧，没有悲伤，只有一腔火一样的侠肝义胆；香冽的武夷岩茶倾注着探春复杂又无以言述的情感，展现探春“巾帼不让须眉”的性格，故命名为《情沁岩韵》。

茶艺《情沁岩韵》尾声敬茶时的解说词如下：

告父老，敬娘亲，沏滚滚热茶表儿心。
自古穷通皆有定，离合岂无缘？
从今分两地，各自保平安。
翩翩红鹤点水去，踏上风雨路三千。
奴去也，莫牵连；奴去也，莫牵连……

2. 选择茶品

选择茶品为武夷岩茶。武夷岩茶生长在武夷山丹霞地貌岩缝之中，其外形条索壮结、匀整，色泽绿褐鲜润，滋味浓醇甘滑，以其特有的“岩韵”饮誉中外。茶艺选用武夷岩茶冲泡，借以岩骨花香衬托探春须眉之风骨。

3. 茶具、道具配备

茶艺《情沁岩韵》茶具配备分为主泡与副泡两个部分。

(1)主泡茶具：茶壶2、壶座2、茶盅2、茶滤(含座与垫)2、品茗杯4、杯托4、茶荷2、茶巾、水盂、茶叶罐、茶道组、茶漏2、烧水炉组、洗手钵、擦手巾、托盘、奉茶盘等。

(2)副泡茶具：盖碗2、盖碗座2、茶盅2、茶盅座2、茶滤2、品茗杯6、杯托6、茶荷2、茶巾2、水盂2、茶叶罐2、茶道组2、烧水炉组2、奉茶盘2等。

(3)道具：茶桌3、配套的黄色桌布、小台桌、泡茶凳2、洞箫、洞箫架、古琴、古琴架、树。

4. 茶席、场景

《情沁岩韵》的茶艺表演分为主泡与副泡两个部分，其茶席也必然是两个部分。主泡茶席桌位于舞台中偏左位置，副泡茶席桌位于舞台的右侧靠后位置，选用黄色桌布，以示探春的皇室身份。主泡茶桌席面中部依次放置茶滤、4个品茗杯、茶盅、茶壶与茶巾；左侧依次为茶道组、茶叶罐与茶荷；右侧依次为烧水炉组、水盂；一张小台桌放在主泡茶桌的右后下方，用以摆放洗手钵、擦手巾、托盘与奉茶盘。副泡茶桌席面中部依次放置3个品茗杯、茶盅、盖碗、茶滤、茶荷与茶巾；左侧依次为茶道组、茶叶罐与奉茶；右侧依次为烧水炉组、水盂。副泡为两人，因此该茶席为两套摆放；洞箫与箫架摆放在右副泡的右侧席面，古琴架摆放在左副泡席的左侧下方，用以支架古琴。背景采用波涛滚滚的江水、江面停靠着一些船只以及岸边芦苇等画面为场景，以体现探春在江边码头与亲人告别的情景；舞台的左后部摆放一棵树道具，作为场景的点缀，增添生机，见图8.2.6至图8.2.9。

图8.2.6 创意茶艺《情沁岩韵》剧照1

图8.2.7 创意茶艺《情沁岩韵》剧照2

图 8.2.8　创意茶艺《情沁岩韵》剧照 3

图 8.2.9　创意茶艺《情沁岩韵》剧照 4

5. 表演人员

表演人员共四人。探春与三名随从，其中副泡两人，助泡一人。

6. 服饰

探春着一身红色服装，顶头冠；随从三人着彩色仕女装，留两绺长发，插发簪。

7. 音乐

选用洞箫与钢琴相结合的音乐，烘托探春与亲人离别时伤感却又刚烈的气氛，钢琴音乐的出现，预示探春即将融入外番，面对未知人生。

8. 茶艺表演《情沁岩韵》演绎流程

《情沁岩韵》茶艺的表演设置了主泡与副泡。主泡采用双壶冲泡技法，副泡采用盖碗冲泡，以此展现中华茶艺形式的丰富多彩及内涵底蕴的深厚隽永。

音乐起，两个副泡手持古琴、洞箫上场，紧接着主泡出场，助泡随后，至茶席前，副泡将手持琴箫置于架上，各自入席。

(1)主泡流程。

①人生如烟——入席：人生如烟迷雾重重，岁月如烟一闪而逝；人生有几多选择，也就有几多的无奈；探春为挽救贾府的衰败运势，无奈孤身远嫁，临行前在码头设茶告别亲人。主泡(探春)、助泡入席；助泡为烧水炉点火，并辅助主泡净手。

②涤尽冷漠——温具：主泡右手提起汤壶，依次向两把茶壶内旋注水；双手同时提起两把茶壶，摇壶，以提升壶的温度，同时再行洁壶。温壶毕，将温壶之水分别倒入两个茶盅，摇洗茶盅，后将废水弃入水盂。探春欲以自己的满腔热血涤尽冷漠，转变社会的世态炎凉。

③侠肝义胆——赏茶：用旋转法打开茶叶罐盖，用茶则取茶叶置于茶荷赏茶；意寓探春为挽救贾府每况愈下的衰败运势，毅然孤身远嫁和番的侠肝义胆。

④有凤来仪——置茶：用茶匙分别将茶荷中茶叶拨入两把茶壶中。意指探春即将以皇亲的身份嫁往异国为妃。

⑤以润芳泽——润茶：向茶壶注入 1/3 水量，使茶叶浸润舒展。

⑥佳人浴浣——烫杯：将温润泡的茶水倒入茶盅；将茶盅内的水分别均匀倒入品茗杯中，烫洗品茗杯，将废水弃入水盂。

⑦须眉风骨——高冲：右手持起汤壶，分别向两把壶内高冲注水；彰显出探春举止大气、办事练达，胸襟阔朗的“巾帼不让须眉”之性格。

⑧情沁岩韵——摇香：两手各提一把茶壶，摇动壶身，使茶叶逐渐舒展，茶香呼之欲出；香冽韵醇的武夷岩茶倾注着探春复杂又无以言述的情感。

⑨融入外番——出汤：双手提双壶，将茶汤注入茶盅；意为探春即将融入外番，面对未知人生。

⑩聚散两依——分茶：双手持双盅，将茶汤低斟分入品茗杯中；壶中的茶浮浮沉沉，聚聚散散，而人生又何尝不是如此?

⑪以茶表心——奉茶：双手持奉茶盘，将茶依次敬奉于父老乡亲；奉茶毕，返回茶席。

⑫各保平安——敬茶：将留给自己的那杯茶端起，举杯齐眉，向送行的亲人一一道别；自古穷通皆有定，离合岂无缘?从今分两地，各自保平安。

⑬红鹤远去——别离：探春一身绯装，携随从别离亲人，向远处而去。这正是：翩翩红鹤点水去，踏上风雨路三千……

(2)副泡流程。

①人生如烟——入席：副泡入席，净手后逐个翻开品茗杯。

②涤尽冷漠——温具：向盖碗内旋注汤水；摇碗，以提升盖碗的温度，同时再行洁碗；洁毕，将温盖碗之水倒入茶盅，温洗茶盅，后将废水弃入水盂。

③侠肝义胆——赏茶：用旋转法打开茶叶罐盖，用茶则取茶叶置于茶荷赏茶。

④有凤来仪——置茶：用茶匙将茶荷中茶叶拨入盖碗中。

⑤以润芳泽——润茶：向茶壶注入 1/3 水量，使茶叶浸润舒展。

⑥佳人浴浣——烫杯：将润茶水倒入茶盅；将茶盅内的水分别均匀倒入品茗杯中，烫洗品茗杯，将废水弃入水盂。

⑦须眉风骨——高冲：右手持起汤壶，用凤凰三点头的手法向盖碗内注水。

⑧情沁岩韵——摇香：端起盖碗，转动碗身，以使茶叶逐渐舒展，茶香呼之欲出。

⑨融入外番——出汤：将茶汤注入茶盅内。

⑩聚散相依——低斟：将茶盅里的茶汤低斟分入品茗杯中。

⑪以茶表心——奉茶：双手持奉茶盘，将茶依次敬奉于父老乡亲；奉茶毕，返回茶席。

⑫各保平安——敬茶：将留给自己的那杯茶端起，举杯齐眉，向送行的亲人道别。

⑬红鹤远去——别离：捧起各自的古琴、洞箫，随主离去。

四、《浪漫红茶》

1. 主题、选材

现代茶艺表演《浪漫红茶》由陈力群、黄晓丹编创。红茶，是当今世界上产量最多、销路最广、销量最大的茶类，以其独有的浪漫和优雅，深受全世界爱茶人的喜爱。世界红茶的鼻祖——正山小种红茶，17 世纪即扬名欧洲。1662 年葡萄牙公主凯瑟琳嫁给英国国王查理二世时，把“正山小种”红茶作为嫁妆带入英国皇宫，引领皇室茶饮风尚，使品饮红茶逐渐成为皇室贵族生活的一部分，塑造了茶高贵优雅的形象。从此，茶，这片来自东方的树叶，走进了西方人的生活。西式的浪漫气息，东方的典雅含蓄，在红茶的世界里找到了交集，给人耳目一新的感觉。作品《浪漫红茶》将钢琴、玫瑰花、烛光、水晶杯等相结合，以渲染品饮红茶之浪漫意境。舞台上，两位表演者在几束朦胧的灯光映照下，一位沉浸在黑色钢琴的演奏中，另一位亭亭玉立于茶席座前，和着优雅抒情的钢琴旋律在冲泡佳茗；烛光中，透过袅袅的茶烟，水晶杯中折射出琥珀色的红茶茶汤，与钢琴上点缀的红色玫瑰遥相呼应。这一切无不让人感受到浓浓的浪漫气息，故取名《浪漫红茶》。

2. 选择茶品

选择茶品为正山小种红茶，小种红茶天生丽质，香气细腻含蓄，汤色红明透亮，滋味甘甜醇和。

3. 茶具与道具配备

(1)茶具：水晶茶壶、水晶茶盅、水晶品茗杯 6、青花瓷茶叶罐、青花瓷水盂、青花瓷茶匙、玻璃酒精炉组、凉汤壶组、青花瓷奉茶盘、茶巾等。

(2)道具：红色玫瑰、青花瓷烛台、蜡烛、白底屏风、泡茶桌、白底青花桌布、钢琴、琴凳等。

4. 茶席、场景

茶桌置于舞台中间，桌面铺垫青花镶边的白底桌布；茶桌中部依次放置6个水晶杯、水晶茶壶、水晶茶盅、茶巾；左侧依次放置青花瓷茶叶罐、青花瓷奉茶盘；右侧依次放置玻璃酒精炉组凉水壶和水盂。场景以西式浪漫与东方典雅为基调，将钢琴置于舞台左侧，红色的玫瑰花点缀钢琴，屏风置于泡茶台正后方。浪漫的钢琴元素，优美的钢琴声，欧式风格屏风等具有浪漫风格的装饰，营造优雅的环境，增添了文化气息，呈现出现代典雅的氛围，见图8.2.10至图8.2.12。

图8.2.10　创意茶艺《浪漫红茶》剧照1

图8.2.11　创意茶艺《浪漫红茶》剧照2

图 8.2.12　创意茶艺《浪漫红茶》剧照 3

5. 表演人员

茶艺表演者一人，钢琴演奏者一人。

6. 服饰

茶艺表演者服装选用青花镶边白底长旗袍，盘发，具有浓郁东方风情；钢琴演奏者着无袖露肩白色小礼裙，古典与浪漫相结合，既体现主题又提升舞台魅力。

7. 音乐

浪漫温馨的钢琴曲《爱在四月雪》由钢琴演奏者现场演奏，曲调优美，婉转含蓄却富有表现力和感染力，与茶艺表演者相互呼应，完美融合，营造温馨浪漫的氛围。

8. 茶艺表演《浪漫红茶》演绎流程

本茶艺表演以红茶茶艺冲泡程式为基础，同时根据主题表现的需要，作了相应改动。

(1)烛影婆娑——入席。茶艺表演者身着白底青花旗袍，双手捧着点燃的烛台，伴随着舒缓美妙的钢琴音乐，从舞台右侧犹如天使慢慢步入舞台；行至茶席前，将烛台放置于茶桌左上角，入席。

(2)冰清玉洁——温具。冲泡之前，精心洁具；持汤壶向水晶壶作内旋注水；温壶后将水注入茶盅，温洗茶盅，然后分别斟入品茗杯中，温杯。

(3)光映仙颜——赏茶。将茶叶置入茶荷，双手持茶荷赏茶，让观众透过烛光欣赏红茶外形之美。

(4)婀娜入宫——置茶。持茶匙将红茶从茶荷拨入壶内。

(5)润泽香茗——润茶。往壶内注入 90 度的开水至壶的 1/3 处，以内旋法润泽香茗，使茶叶逐渐舒展；水晶的透亮映衬出茶汤诱人的醇红。

(6)舞动音符——冲泡。采用凤凰三点头的手法悬壶高冲注水；茶叶在壶内翩翩起舞，似舞动的音符灵动、跳跃。

(7)红袖添香——出汤。将壶中的茶汤注入茶盅，接着分至各品茗杯。

(8)品韵浪漫——奉茶。将品茗杯放入杯托，敬奉宾客。

表演结束，与钢琴演奏者一起鞠躬谢幕，下场。

五、《香馨傩影》

1. 主题、选材

悟道茶艺表演《香馨傩影》由陈力群、郭威编创。该作品题材选用人与人之间意识层面上一种无形的生活现象，借具象方式——傩文化中使用的重要道具“面具”展现于人们面前，并以此影射着人与人之间存在的隔阂、争斗，缺乏沟通理解。而茶之本性，象征着纯洁，茶汤入口，齿颊余香，馨香沁人心扉，令人回味无穷。以茶养性、以茶表德、以茶倡廉、以茶为模；透过演绎茶与自然、茶与人的生活、茶与社会形态之间的气韵关联，感悟“精行俭德”、“廉美和敬”之茶德，倡导相敬互爱、谦和恭让的现代社会精神文化。

面具，这自远古而来的文明，以其与生俱来的神秘让人痴迷向往。有人说，世界上每个人都戴着面具，人世间的交往亦真亦幻。茶艺表演《香馨傩影》将傩文化中的傩面具元素融入普洱茶的冲泡过程。普洱茶滋味醇厚，陈香显著，犹如年长智者在氤氲茶香中话语人生，从容、淡定。透过普洱茶袅袅茶烟，我们看到，在纷呈世相中，人们因茶结缘。在茶的世界里，大家专心泡茶，虔诚敬茶，用心品茶；在茶的面前，滤尽浮躁，淡泊心境，融化心灵之隔膜，自然地褪去面具，当下无我，物我两忘，渐入天人合一之境界。

2. 选择茶品

选用普洱饼茶(主泡)与普洱散茶(副泡)冲泡。

3. 茶具与道具配备

(1)茶具：建盏3、建盏底座3、品茗杯7、分茶勺3、分茶勺垫3、烤茶器1套、铁质烧水炉组、陶质烧水炉组2、茶道组、茶匙3、茶匙枕3、茶荷3、茶巾3、茶巾盘3、水盂3、长条形奉茶盘3、茶刀等。

(2)道具：面具9、蒲垫4、茶台3、麻质台布3、桌旗3、茶袋、插花、树等。

4. 茶席、场景

《香馨傩影》表演者以跪坐的方式进行茶艺展示，跪坐姿势优雅，最能体现中华文明端庄、肃穆、宁静、谦恭的礼仪风范。表演者跪坐于泡茶台前，虔诚肃穆，营造出一种安宁、平和的氛围，使表演者和观众更加专注地进入茶境。

主泡茶台置于舞台正中，两个副泡茶台分别置于主泡茶台左右呈八字排列；舞台左后侧摆放一棵树道具，树枝上挂若干面具，用以增加隔阂、浮躁、纷争世界之气氛，见图8.2.13至图8.2.16。

基本茶席摆设：台面铺垫浅色麻质台布，桌旗横向铺于台布上方；茶席中部依次放置品茗杯(摆在长条形奉茶盘上)、建盏(含底座)、茶巾(含托盘)；左侧依次放置茶匙、茶荷；右侧依次摆放烧水炉组、水盂、分茶勺。主泡台的水盂放置在茶席左侧，并在右侧增设一套烤茶器，一盆插花置于茶席的左上角；主泡台右侧增设一小矮台，摆放茶道组、普洱饼茶、茶刀等。整个茶席简洁、大方又富有层次感。

图 8. 2. 13　创意茶艺《香馨傩影》剧照 1

图 8. 2. 14　创意茶艺《香馨傩影》剧照 2

图 8. 2. 15　创意茶艺《香馨傩影》剧照 3

图 8.2.16　创意茶艺《香馨傩影》剧照 4

5. 表演人员

表演人员四人。其中主泡一人、助泡一人、副泡两人。

6. 服饰

着黑底红镶边服装，返璞归真的服饰。

7. 音乐

采用《越人歌》古琴版音乐。

8. 茶艺表演《香馨傩影》演绎流程

引子：舞台暗场，特效灯。4 位表演者戴着面具，面朝上，塌腰撅臀，两手向后，掌心朝下，呈环形立于舞台中央。音乐声起，四人突然俯身向下，头与头相向，一道光束从黑暗的舞台中央上方投下，4 位表演者顺着光源慢慢抬头，在相互对觑的刹那，一种排斥心理促使她们急速转身相背……在短短 60 秒的引子里，表演者以舞蹈动作呈现出一种排斥的、矛盾的、浮躁的、分分合合的意境……历经几番拉锯似的交锋后，舞台前方出现一片橙色的霞光，吸引她们不由自主地一起转身眺望(造型亮相)——发现了“茶”！大家以茶结缘，心境顿然淡泊平静了下来……引入茶艺展示。

(1)主泡流程。

①因茶结缘——入席：众人因茶结缘，进入各自的席位。主泡首先摘下面具，助泡与副泡则继续戴着面具。表演中，摘去面具则表示入境、入道；主泡先摘下面具，表示人与人之间悟道时间有先后之别。

②启心自省——点火：主泡点燃茶盏底座之火以提高茶盏温度；助泡为烧水炉点火烧水，点烤茶器预热；意为点燃内心之火照亮心灵深处以自省。

③修身净心——温盏：右手提铁壶往茶盏内旋注入沸水至九分满，以烫洗茶盏；意为去尘垢以修身净心，营造出一种安宁、平和的氛围。助泡同步以茶刀撬取茶饼，并用茶夹将茶块置于茶荷中。

④点津开智——烫杯：用分茶勺从茶盏中舀出沸水，依次均匀倒入各品茗杯中至七分满，犹如冥冥之中有年长的智者在对众者话语人生，点津开智。

⑤涤荡心扉——摇盏：双手端起茶盏，逆时针转动一圈，烫洗茶盏内壁，如同在涤荡心扉；烫洗后，将水弃入水盂。

⑥廉美和敬——赏茶：双手捧起茶荷，赏茶，感悟“精行俭德”、“廉美和敬”之茶德。

⑦氤氲茶香——烤茶：用茶匙将茶拨入烤茶器中进行烤茶，使之散发出阵阵茶香。

⑧滤尽浮躁——摇杯：双手取品茗杯至胸前，逆时针转动一圈，烫洗茶杯内壁后，将水弃入水盂，犹如滤尽内心之浮躁。

⑨茶载吾意——置茶：用茶匙将烤茶器中烘烤后的干茶投入茶盏中。

⑩润泽香茗——润茶：持铁壶往茶盏内注入 1/3 容量沸水，双手端起茶盏转动，润泽香茗，使茶叶逐渐舒展。

⑪融化隔膜——高冲：双手持铁壶，采用凤凰三点头手法向茶盏内注水；沸水冲泡茶品，也意味着在融化人们彼此之间的隔阂。

⑫淡泊心境——匀茶：右手持茶匙，以逆时针方向搅动茶汤三圈，使茶叶充分浸润、舒展，利于茶汤滋味的发挥；同时亦使心境变得淡泊。

⑬香馨俪影——闻香：嗅闻茶汤散发出的香气，沁人心扉。

⑭谦和恭让——斟茶：右手持分茶勺将茶盏里的茶汤依次舀入各品茗杯中；公平地分茶，显现出谦和恭让。

⑮虔诚敬茶——奉茶：双手端起置放品茗杯的长条形奉茶盘，起身向嘉宾虔诚敬茶；奉茶后复位。

⑯天人合一——敬天：以茶结缘的人们，此时已在茶的面前滤尽浮躁，淡泊心境，褪去面具，融化心灵之隔膜，渐入天人合一之境界。表演者双手端起茶盏，呈弧形绕转一圈后，将茶盏从胸前举向左上方——敬天……

(2)副泡流程。

①因茶结缘——入席：众人因茶结缘，进入各自的席位。

②启心自省——点火：副泡点燃茶盏底座之火以提高茶盏的温度。

③修身净心——温盏：右手提陶壶往茶盏内旋注入沸水至九分满，以烫洗茶盏。

④点津开智——烫杯：用分茶勺从茶盏中舀出沸水，依次均匀倒入各品茗杯中至七分满。

⑤涤荡心扉——摇盏：双手端起茶盏，做逆时针转动一圈，烫洗茶盏内壁，如同在涤荡心扉；烫洗后，将水弃入水盂。

⑥廉美和敬——赏茶：双手捧起茶荷，赏茶，感悟“精行俭德”、“廉美和敬”之茶德。

⑦滤尽浮躁——摇杯：双手取品茗杯至胸前，逆时针转动一圈，烫洗茶杯内壁后，将水弃入水盂，犹如滤尽内心之浮躁。

⑧茶载吾意——置茶：右手持茶荷，左手持茶匙，将茶荷内茶叶投入盏中。

⑨润泽香茗——润茶：持陶壶往茶盏内注入 1/3 容量沸水，润泽香茗，使茶叶逐渐舒展。

⑩融化隔膜——高冲：双手持陶壶，采用凤凰三点头手法向茶盏内注水。

⑪淡泊心境——匀茶：右手持茶匙，以逆时针方向搅动茶汤三圈，使茶叶充分浸润、舒展，利于茶汤滋味的发挥，同时亦使心境变得淡泊。

⑫香馨俤影——闻香：嗅闻茶汤散发出的香气，沁人心扉。

⑬谦和恭让——斟茶：右手持分茶勺将茶盏里的茶汤依次舀入各品茗杯中，公平地分茶，表现出谦和恭让。

⑭褪去面具——摘具：经茶之熏陶，净化心灵，双双褪去面具，相互示意，冰释前嫌。

⑮虔诚敬茶——奉茶：双手端起置放品茗杯的长条形奉茶盘，起身向嘉宾虔诚敬茶，奉茶后复位。

⑯天人合一——敬天：表演者双手端起茶盏，呈弧形绕转一圈后，将茶盏举向左上方——敬天……

六、《阳光溯梦》

1. 主题、选材

茶艺表演《阳光溯梦》由陈力群、郑琳琳、林峰编创。该作品选用古代丝绸之路为背景。丝绸之路是起始于中国，连接亚洲、非洲和欧洲的古代路上商业贸易路线。丝绸之路的建立促进了中国与西方国家的经济文化交流，对人类文明的发展产生了深远影响。当今，我国借古代丝绸之路历史符号，高举和平发展旗帜，推进“一带一路”建设。2015 年 4 月，国家发改委、外交部和商务部联合发布了《推动共建丝绸之路经济带和 21 世纪海上丝绸之路的愿景与行动》宣告“一带一路”进入了全面推进阶段。“一带一路”建设，发扬古代丝绸之路兼容并包的精神，倡导物畅其流，政通人和，互联互通、互利共赢，符合国际社会的根本利益，具有划时代意义，从而也唤起我们对千年阳关梦的追溯……

《阳关溯梦》以古代丝绸之路上一家人的送别为题材，描述父亲外出贩茶多年音讯全无，为谋生计，姐姐毅然继承父业加入茶商驼队；母亲与妹妹依依不舍，从长安一路相送直至阳关；作品采用了古曲《阳关三叠》、古琴弹唱、研碎冲饮、戏曲圆场、大漠驼队等素材，演绎丝路上的一家人(母亲、姐姐、妹妹)于阳关以茶惜别的感人场面。

阳关位于甘肃省敦煌市西南的古董滩附近，西汉置关，因在玉门关之南，故名，是中国古代陆路对外交通咽喉之地，是丝绸之路南路必经的关隘。《阳关三叠》古曲取材自唐代著名诗人王维的《送元二使安西》：“渭城朝雨浥轻尘，客舍青青柳色新。劝君更尽一杯酒，西出阳关无故人。”后人将该诗创作成古琴琴歌流传至今。妹妹轻抚起她那心爱的古琴，为姐姐、驼队弹唱；一曲沁心的《阳关三叠》透出淡淡的离愁别绪，表达出无限的留恋与不舍之情。姐姐以研碎冲饮法①煮茶告别。一碗香浓的热茶倾注了深深的骨肉亲情，承载着亲人的千叮万嘱，也寄托着人们企盼这条商贸“丝路”能早日变通途的梦……作品最后以穿越法出现当今“一带一路”的背景，预示着千年丝路将更加朝气蓬勃，互通之路将越走越宽广。

2. 选择茶品

选用饼茶。

3. 茶具与道具配备

(1)茶具。铁质烧水炉组、陶质烤茶炉、大茶盏、小茶盏 6、茶盏垫 6、茶碾、茶锤、竹茶夹、茶刷、茶荷、茶勺、茶枕 2、茶枕垫、水盂、奉茶盘 3、饼茶、饼茶包、茶盏托 6、茶盏托架、茶巾、茶巾盘、奉茶盘 3。

(2)道具。古琴、行囊包袱、木食盒、古琴台、茶台、沙丘布景 2、阳关地界石台、长条玻璃纱布、长条麻布。

4. 茶席、场景

大茶盏置于茶席正中，6 个品茗杯呈弧形围绕；茶巾、茶盘置于大茶盏下侧；茶席右侧放置铁质烧水炉组，茶勺搁在烧水炉下侧；茶席左侧依次摆放陶质烤茶炉、茶盏托、水盂以及茶锤、茶刷、竹茶夹、茶荷等，茶碾、奉茶盘放置于茶台后侧左下方；食盒搁于茶台左侧。茶台置于舞台中右侧，琴台置于舞台左侧；舞台背景为西北沙漠、驼队等动态视频；靠背景处摆两个沙丘布景，蒙上玻璃纱，一条长麻纱拖在其前方，意寓丝绸之路；舞台右侧后方摆一块写着“阳关”字样的地界石台，见图 8. 2. 17、图 8. 2. 18。

图 8. 2. 17　创意茶艺《阳关溯梦》剧照 1

---

① 研碎冲饮法出现于三国时期，唐代开始流行，宋代兴盛。该手法是将采下的茶叶先制成饼茶，饮时加以炙烤、捣末、冲沸水，再加葱、姜、橘子之类拌和后饮用，从中可看出中国饮茶史从羹饮法向冲饮法过渡的痕迹。

图 8. 2. 18　创意茶艺《阳关溯梦》剧照 2

5. 表演人员

表演人员三人。其中主泡(姐姐)、助泡(母亲)、古琴弹唱(妹妹)。

6. 服饰

着唐代服装，套发饰。

7. 音乐

采用古琴现场弹唱《阳光三叠》，与选用的西域笛曲音乐相结合。

8. 茶艺表演《阳光溯梦》演绎流程

(1)阳关溯梦——入席。古时，在丝绸之路上的一家人，姐姐继承父业加入茶商驼队，母亲、妹妹依依不舍，随商队从长安一路相送直至阳关。三人上场后，进行一段迎风抗沙的走场表演；至阳关地界，母亲与姐姐仍依依不舍，妹妹将古琴放置琴台后，帮母亲和姐姐放好食盒、行囊。

妹妹进入琴台席，演奏古琴，弹唱《阳光三叠》；姐姐、母亲进入茶台席煮水冲泡茶。

(2)仙泉浴器——洁具。姐姐点火煮水，提壶将沸水注入茶盏，取茶勺舀沸水至品茗杯，依次烫洗品茗杯与茶盏，随即将废水弃入水盂。

(3)情浓茶香——烤茶。母亲点燃烤炉；打开食盒，取出饼茶，用茶夹夹住饼茶放在烤炉上炙烤，顿时散发出阵阵茶香，茶香情更浓。

(4)三叠阳关——抚琴。妹妹抚琴弹唱《阳关三叠》，一曲古乐透出淡淡的离愁别绪。

(5)离绪萦怀——碾茶。母亲用茶锤将饼茶敲碎，取出茶碾将茶碾碎，取茶刷将茶扫入茶荷。惜别的绵绵情思缠绕心间，母亲的心就好似这碾碎的饼茶。

(6)故土难离——置茶。姐姐接过茶荷，用茶匙将茶拨入茶盏。

(7)倾注亲情——高冲。姐姐提壶高冲，将沸水注入茶盏。

(8)双凫一雁——分茶。姐姐用茶勺将茶汤依次酙入品茗杯，表达出对即将分别的依依不舍。

(9)以茶惜别——奉茶。将品茗杯放入奉茶盘，母女仨各自端起奉茶盘，起身将茶敬奉于各位乡亲，奉茶毕，返回茶席。

(10)寸草春晖——敬茶。姐姐捧起茶碗，向母亲敬茶。母女情深承膝前，这碗香浓的热茶，倾注了深深的骨肉亲情。

(11)驼铃催发——告别。驼铃催发，乡关何处？姐姐与母亲、妹妹一一道别，流露出淡淡的离愁别绪，表达出无限的留恋与不舍之情。

(12)极目天舒——展望。念去去万里茶道，何日变通途？母亲、妹妹挥手眺望，企盼这条商贸“丝路”能早日变通途，家人早日得以团圆……

作品最后以时光穿越法，展现当今“一带一路”背景，预示着千年丝路将更加朝气蓬勃，互通之路将越走越宽广。这正是，羌笛悠悠春风度，“一带一路”架宏图，阳关溯梦越千年，华夏明日尽天舒！

茶艺表演是中华茶文化的重要组成部分，它在融合历史悠久、源远流长的中华茶文化基础上广泛吸收和借鉴了其他艺术形式。当代茶艺表演的内涵已经不仅仅局限于赏茶、饮茶，它已上升为一种舞台表演艺术。它源于生活，高于生活，是一个有着浓厚地域特色、以茶的泡饮过程为媒介、具有主题内容的综合性艺术表现载体。茶艺表演的变迁，反映了中国茶人对艺术审美的追求，是中华茶艺发展的必然结果。笔者根据自身多年从事茶文化教学与研究的经验，从多方面着手对茶艺表演进行归纳探析，由此提炼形成茶艺表演概念，从一个新的角度对茶艺表演进行阐述，在创意茶艺编创方面提出独到见解，并附有多部编创作品示例进行说明，力求使人们能更清楚地了解茶艺表演内涵，对茶艺表演的教学和编创起到指导与示范作用。

1. 什么是创意茶艺？
2. 什么是茶席设计？
3. 茶席设计包含哪些方面的内容？
4. 所谓宋人“四艺”是指什么？
5. 音乐在茶艺表演中起着什么作用？
6. 编创一部茶艺表演作品。

参考文献

[1]（唐）陆羽：《茶经全集》，时代文艺出版社 2011 年版。

[2]（唐）封演：《封氏闻见记校注》，赵贞信校注，中华书局 2005 年版，卷六·饮茶。

[3]（明）文震亨：《长物志》，金城出版社 2010 年版，卷十二·茶品。

[4]（清）施鸿保：《闽杂记》，福建人民出版社 1985 年版，卷十·功夫茶。

[5]周文棠：《茶道》，浙江大学出版社 2003 年版。

[6]丁以寿：《中华茶艺概念诠释》，《农业考古》2002 年第 2 期。

[7]赖功欧：《茶哲睿智——中国茶文化与儒释道》，光明日报出版社 1999 年版。

[8]丁以寿：《中华茶艺》，安徽教育出版社 2008 年版。

[9]百度文库：《交际礼仪学习指导》，http：//wenku. baidu. c. 2012.

[10]好搜百科：《绿茶茶艺》，http：//baike. haosou. com/doc/6108358-6321472. html.

[11]豆丁：《碧螺春茶艺解说词》，http：//www. docin. com/p-72296526. html.

[12]和茶网—茶与生活—茶艺茶道—茶艺欣赏：《君山银针茶艺表演》，http：//yd. hecha. cn/info/7/show_21694. html.

[13]百度文库：《茶艺》，http：//wenku. baidu. com/view/a73b1c4369eae009581bec39. html.

[14]黄贤庚：《关于编撰"武夷茶艺"的记忆及感想》，《农业考古》2001 年第 4 期。

[15]中国就业培训技术指导中心、劳动和社会保障部：《茶艺师》（技师技能　高级技师技能），中国劳动社会保障出版社 2012 年版。

[16]梁子:《唐代宫廷茶道》,《农业考古》1995 年第 2 期。
[17]韩生:《法门寺地宫唐代宫廷茶具》,《收藏家》2002 年第 1 期。
[18]纪录片《中华茶道》,大连音像出版社 2012 年版。
[19]周爱东、郭雅敏:《茶艺赏析》,中国纺织出版社 2008 年版。
[20]章志峰:《茶百戏——复活的千年茶艺》,福建教育出版社 2013 年版。
[21]杨远宏、张文:《白族三道茶茶艺表演初探》,《德宏师范高等专科学校学报》2007 年第 2 期。
[22]和茶网:《藏族酥油茶茶艺表演》,http://yd. hecha. cn/info/7/show_21355. html.
[23]杨江帆等:《入乡随便俗茶先知——中国少数民族及客家茶文化》,厦门大学出版社 2008 年版。
[24]云南茶业网:《香茶好客——西双版纳傣族茶艺》,http://tea. fjsen. com/view/2011-09-21/show5523_5. html.
[25]赖功欧:《茶哲睿智——中国茶文化与儒释道》,光明日报出版社 1999 年版。
[26]赖功欧:《宗教精神与中国茶文化的形成》,《农业考古》2000 年第 4 期。
[27]吴立民:《中国的茶禅文化与中国佛教的茶道》,http://fo. sina. com. cn/culture/calligraphy/2013-09-11/141812897. shtml.
[28]陈晓璠、汪沛:《"禅茶"——茶艺的来龙去脉》,《农业考古》2001 年第 4 期。
[29]百度百科:《禅茶茶艺——概述》,http://baike. baidu. com/view/4414585. htm.
[30]佛教导航—五明研究—内明—禅宗:《禅茶茶道》,http://www. fjdh. cn/wumin/2009/05/06025077072. html.
[31]李文杰:《道家名人与茶》,http://blog. sina. com. cn/s/blog_4ff0feaf01008bgo. html.
[32]敖歌:《峨眉茶道——道家茶道》,http://blog. sina. com. cn/s/blog_50e0f9720100iayq. html.
[33]51 普洱网:《煮茶的水》,http://www. 51puer. com/article-6374. html.
[34]敖歌:《什么是太极茶道?》,http://cha. baike. com/article-106371. htm.
[35]敖歌:《太极茶道有哪些特点?》,http://cha. baike. com/category-58089. htm.
[36]敖歌:《中国茶道大师赏阅》,四川出版集团、四川美术出版社 2009 年版。
[37]第一茶叶网:《日本茶道的四个时代》,http://news. t0001. com/2007/0201/article_41513. html.
[38]百度百科:《日本茶道》,http://baike. baidu. com/view/43304. htm.
[39]金永淑:《韩国茶文化史》,《茶叶》2001 年第 3—4 期。
[40]马晓俐:《多维视角下的英国茶文化研究》,浙江大学出版社 2010 年版。
[41]百度文库:《英国下午茶文化》,http://wenku. baidu. com/view/98887a6348d7c1c708a145f7. html.
[42]张忠良:《中国世界茶文化》,时事出版社 2006 年版。
[43]丁以寿:《中华茶艺》,安徽教育出版社 2008 年版。

[44]童启庆：《影像中国茶道》，浙江摄影出版社2002年版。
[45]周文棠：《茶道》，浙江大学出版社2003年版。
[46]乔木森：《茶席设计》，上海文化出版社2005年版。
[47]陈力群、郭威：《茶艺表演阐微》，《艺苑》2014年第2期。